本书受国家社会科学基金重点项目
“替代性食物体系中绿色产品的消费者信任机制研究”（16AJL009）资助

替代性食物体系

基于信任的“小而美”

ALTERNATIVE FOOD NETWORKS

THE "SMALL AND BEAUTIFUL" BASED ON TRUST

杨波 等 | 著

社会科学文献出版社
SOCIAL SCIENCES ACADEMIC PRESS (CHINA)

序　一

让学术研究服务于生动的实践

现代社会的主流食物体系服务于当前大量生产、大量消费、远距离运输的经济现实，为全世界绝大多数消费者提供了日常所需的食物。但是，主流食物体系在发展过程中也面临一些突出问题，如农药、化肥等过度使用对人类健康的影响和对环境的破坏，生产者和消费者关系的疏远等，引发全社会对食物安全的焦虑和担忧，同时也引起学术界对主流食物体系的探讨和反思。替代性食物体系的实践与研究应运而生。

替代性食物体系研究在国外已有较长的发展时间。替代性食物体系最早起源于20世纪60年代的日本、德国和瑞士，80年代出现在美国和欧洲其他国家，随后在全球各国蔓延发展。替代性食物体系通过社区支持农业、食品短链、巢状市场、农消对接、农夫市集等实践形式，不但解决了主流食物体系所面临的影响人类健康和破坏环境的发展困境，而且创建了崭新的食品生产、加工、流通和消费结构，重新构建了消费者和生产者之间的关系，实现了社区重构和社区发展的功能，是对主流食物体系的有益补充。

杨波教授是国内较早研究替代性食物体系的学者，其专著《替代性食物体系：基于信任的“小而美”》是国内第一本以著作形式研究替代性食物体系的成果。《替代性食物体系：基于信任的“小而美”》共六章，全面介绍了替代性食物体系兴起的原因、发展演化过程和实践形式，在此基础上，进一步研究了我国替代性食物体系中消费者信任的现状、结构、影响因素、形成机制和演化机制等。简单地说，对食物安全的担心是替代性食物体系兴起的根本原因，替代性食物体系在我国的健康运行和良性发展取决于诸多因素，其中，消费者信任机制的构建和保障是关键因素。因此，消费者信任机制如何构建成为替代性食物体系在我国发展要解决的首要问题。

作者基于消费者行为理论框架，将消费者信任纳入该框架之中，从不同角度采用案例分析、问卷调查、行为模拟、理论分析等不同方法探索分析替代性食物体系中消费者信任的形成、运行和构建机制，对相关的问题均进行了详细的论述和深入的探讨，相信读者一定能从本书中受到启迪。

理论是灰色的，实践之树常青。替代性食物体系在国内发展方兴未艾，必然带来很多值得研究的新问题，以及实践的需要。我们期待杨波教授围绕着替代性食物体系的社会网络重构、消费者心理变化和支持政策体系等开展更深入的研究，展现给读者进一步的研究成果。

白暴力

2021 年 12 月 24 日

于北京师范大学海纳轩

序　二

让理论与实践的创新植根于我们的土壤

一晃十几年过去了，2008 年，我在美国务农半年的故事在国内传播开来，社会生态农业即 CSA（最早我们直译为“社区支持农业”）因此开始更广泛地传播到大众的视野里。那个时候大部分人购买食物都是从菜市场或者超市，而 CSA 模式无疑给了对食品安全存有疑虑的群体一剂良药。过去的十年，我们看到越来越多的人开始直接从农场订购产品，我们看到一些地区的人们自发地去团购生态产品，去农场与生产者交流以建立参与式保障体系（PGS），我们也看到农夫市集、有机餐厅的出现，特别是在疫情期间，在地化的有机农场无疑给予了本地食物体系更强的韧性。

另外，疫情发生以来，也有很多人发现有生鲜电商快递农产品到家，有菜店直接送菜到家，但是我们也发现城市里的农贸市场少了。有数据显示，在疫情期间，有机产品销售量获得了稳步的增长。但我们也听说，有些资本企图联合某些不负责任的认证机构降低有机认证的标准，比如对使用化肥视而不见。资本要获取更高利润，必然与规模化供应商结合，进而要求必须是工业化般标准化生产，资本没有时间去教育消费者什么是真正的有机，而更倾向于告诉消费者：“有机更健康，认识标签就可以购买。”

国内的 CSA 农场在过去十几年如雨后春笋般兴起，我记得早期最常被问到的一个问题就是：“你们的模式能在二三线城市复制吗?”大家从我们创办小毛驴市民农园的时候开始就直接照搬蔬菜宅配的模式，大多没有理解农业社会化的内涵是什么，大量新农人直接到乡村租地种菜从而遇到了因乡村非良性治理导致的交易成本过高的问题。技术和市场外加乡村社会环境影响，使得大部分新农人都遭遇了无数的“坑”，有人甚至形容：“你爱一个人，就让他去做农业；你恨一个人，也让他去做农业。”因为做农业有助于认识到生命的本质，也特别容易考验一个人能不能坚持。此时，生态有机产品相关的平台开始出现，很多新农人逐步开始转型做单品，比如西红柿、杧果、苹果、胡萝卜等。大家认识到做有机农业生产非常难，因为2010年前后在资本“大干快上”下上马的有机农业项目很多都倒下了，所以他们倾向于做流通、做加工品。

与此同时，国家的“三农”政策在过去十年也逐渐转型。随着从扶贫攻坚转向乡村振兴，农业也从原来更多地强调保障粮食安全，转型为突出多功能性，强调三产融合。作为这个变化过程的亲历者，见证了在北京无公害农产品从作为主流到逐渐退出历史舞台，绿色有机农业成为主要的发展和支持方向。因为CSA农场大多具有消费者的高度参与性，很多农场自然就融入了自然教育、食物疗愈、农业研学的要素。面对国内农产品结构性过剩必然要求的供给侧改革，社会生态农业成为政策、研究等领域的热点。当下全球40%左右的水果和蔬菜产自中国，而我们只有全球21%的人口，农产品的结构性过剩使得在过去十年出现了明显的农产品滞销问题，农业生产的劳动力老龄化问题也越发明显。

在小毛驴市民农园之后，我们创办了新农人的孵化器“分享收获”。在农场里，有IT专业的、设计艺术专业的、烹饪专业的新农人在这里工作、生活，而且现在“90后”成为我们团队的主力军，返乡变成了一种新的生活方式。这种返乡并不意味着一定要回到故乡，而是在乡村获得更高质量生活的同时通过互联网、公共交通的发展与城市互联互通。当下，我们的农场已经形成三产联动的良好局面，作为一个300亩的农场实现了社会、经济、生态三个维度的可持续发展。与此同时，我们参与组织全国的社会生态农业CSA联盟，每月举办新农人培训，现在我们农场已经培训新农人700多人次，链接了全国超过2000个生态新农人、合作社、社会企业等，成为全国最大的生态农业社群之一。我们还组织大量的劳动教育体验活动，让市民来到乡村体验农业、认识人与自然的关系，从而构建与生产者的信任，回想十几年前这样的活动在北京还寥寥无几。市民下乡，农业进城。我们还将这样的理念带到北京的学校、社区，让更多市民在城市里也能体验农业、认知食物。

以上的种种变化都发生在十几年中，因此我们对社会生态农业或者替代性食物体系的研究刚刚开始，我印象中 2011 年我的博士学位论文应该是国内第一篇关于替代性食物体系的博士论文，我们在此期间写的一些文章也成为这方面科研工作者的参考。替代性食物体系通过社区支持农业、食品短链、巢状市场、农消对接、农夫市集等实践形式，不但解决了主流食物体系所面临的影响人类健康和破坏环境的发展困境，而且创建了崭新的食品生产、加工、流通和消费结构，重新构建了消费者和生产者之间的关系，实现了社区重构和社区发展的功能，是对主流食物体系的有益补充。尽管替代性食物体系在国外已有很长的发展历史，但在我国仍然处于培育阶段，然而我们有着远超西方的发展速度。所以，我也希望理论工作者能够真正与实践者联合起来，让我们的理论服务于实践，实践也同时上升为理论从而更好地指导实践，真正产生基于中国土壤的理论创新。

杨波教授是国内较早研究替代性食物体系的学者，其专著《替代性食物体系：基于信任的“小而美”》开了国内以专著的形式研究替代性食物体系的先河，我相信读者一定能从本书中受到启迪。

“理论是灰色的，而生命之树常青。”与所有在替代性食物体系方面从事实践和理论工作的朋友共勉。

石嫣

2021 年 12 月 29 日

于北京顺义柳庄户村

前　言

主流食物体系是在一定的历史时期人类社会多数人生产、获取食物的诸多要素的组合，最初经历了旧石器时代靠狩猎和采摘获取食物、新石器时代靠农耕和饲养获取食物，后经工业革命时期、绿色革命时期、可持续发展时期食品生产、加工、运输与储存技术的进步，呈现更复杂的特征。主流食物体系面临三个难题。第一，由于规模化农业生产的需要，杀虫剂、除草剂等仍然在广泛而大量使用，带来了较为严重的农业面源污染，也给人类和自然环境带来了危险。第二，食品普遍和深入的加工主要发生在生产环节，也有一部分发生在流通环节，影响了消费者的身体健康，从而带来了食品安全问题。第三，由商业认证带来的绿色产品价格偏高，还有相伴而生的，一些国家因监管体系不健全带来的信任低下的问题。这些难题，在主流食物体系的框架内很难得到解决。20世纪60年代，替代性食物体系从日本、瑞士起源，逐渐扩展到全球。作为主流食物体系的有益补充，替代性食物体系可以很好地解决以上三个问题，为小农户参与有机农产品生产、消费者购买平价有机农产品提供了广阔的空间，受到了中小农生产者和绿色消费者的欢迎，在世界各国获得了较快的发展。

替代性食物体系是指食物的生产者、消费者以及食物供应链中的其他角色之间形成的有别于常规食物供应链的新的食物体系。我国替代性食物体系有多种表现形态，消费者对不同表现形态的替代性食物的信任也有不同，主要表现在：对当前我国食品安全的社会信任度偏低，对社区支持农业模式中农场提供的绿色产品的总体评价不高，对社区支持农业模式中农场生产者的总体信任度偏低，对相关机构监管作用的信任度不高。

缺乏消费者信任是我国绿色产品市场健康有序快速发展的一大障碍，建立和增进消费者信任是促进绿色产品市场健康快速发展的重要动力因素。

在我国绿色产品市场上，生产者和消费者对各种影响因素的处理和对自身利益的感知将影响其不同的策略选择，而且，其中一方所做出的策略选择也将影响另一方进一步的策略选择，生产者和消费者之间良好的互动有望形成良性循环，实现绿色产品市场的健康发展。

引入消费者参与替代性食物体系活动的情况这一中介变量，能够分析和证实消费者对替代性食物体系的态度如何通过直接效应和间接效应影响其对绿色产品的满意度。通过案例分析，研究了替代性食物体系中信任的形成、运行过程及如何建立。最后提出了制定和完善政策体系，促进联合体的建设，逐渐形成参与式保障体系的区域网络结构，进一步培育生态农业的消费市场等对策建议。

目　录

第一章　为什么要研究替代性食物体系 …………………………… 1

一　什么是替代性食物体系 …………………………………… 1

二　替代性食物体系文献回顾 ………………………………… 7

三　替代性食物体系的研究价值 ……………………………… 11

第二章　主流食物体系的困境与替代性食物体系的兴起 ……… 13

一　主流食物体系的历史沿革 ………………………………… 13

二　主流食物体系的困境 ……………………………………… 21

三　替代性食物体系的兴起和演变：以日本和欧美为例 ……… 27

四　替代性食物体系在中国的兴起与发展 …………………… 35

五　替代性食物体系兴起和演化的理论解释 ………………… 40

第三章　中国替代性食物体系的特征与运行 …………………… 46

一　社区支持农业 ……………………………………………… 47

二　农消对接 …………………………………………………… 56

三　巢状市场 …………………………………………………… 67

四　食品短链 …………………………………………………… 72

五　农夫市集 …………………………………………………… 77

第四章　替代性食物体系中消费者信任的现状与结构 ………… 82

一　消费者信任的现状 ………………………………………… 82

二　消费者信任的影响因素及来源 …………………………… 97

三　消费者信任的结构及测量 …………………………………… 106

第五章　替代性食物体系中消费者信任的形成和演化机制 ………… 124

一　消费者信任对消费行为的影响 ……………………………… 124

二　替代性食物体系中消费者信任的形成机制 ………………… 136

三　替代性食物体系中消费者信任的演化机制 ………………… 155

第六章　替代性食物体系中消费者信任机制的建构与保障 ………… 167

一　消费者信任如何影响其满意度：一个简单的文献回顾 …… 167

二　消费者信任的关键概念 ……………………………………… 170

三　消费者信任的理论框架 ……………………………………… 172

四　消费者信任的研究数据与方法 ……………………………… 174

五　消费者信任的研究结论与政策启示 ………………………… 178

六　消费者信任机制如何构建与良性运行 ……………………… 182

七　参与式保障体系在中国的现状与问题 ……………………… 190

八　参与式保障体系在中国的构建：以河南返乡青年
互助组和江苏青澄中心为例 ………………………………… 196

参考文献 ……………………………………………………………… 204

后　记 ………………………………………………………………… 230

第一章　为什么要研究替代性食物体系

替代性食物体系是对主流食物体系的有益补充。在缓解主流食物体系的环境、食品安全等问题的同时，也保护了小农户，保存了农业生产和农业文化的多样性。本章先分析替代性食物体系出现的原因，再回顾现有相关主要文献的讨论，最后在此基础上，给出替代性食物体系的研究价值。

一　什么是替代性食物体系

（一）替代性食物体系的概念

替代性食物体系的英文表达是“Alternative Food Networks”，缩写为AFNs，也被翻译成替代性食物网络。要理解替代性食物体系，首先需要界定什么是食物体系？食物体系需要从生物、历史、生存三个层面来把握。从生物层面来看，人类要想获得健康的农作物、畜牧和鱼类产品作为食品，就得维护一个健康的生物圈，因此，食物体系与生物圈是紧密相连的。生物圈不健康，健康的食物体系就无法实现。从历史层面来看，受经济、社会环境因素的影响，食物体系是不断演变的。当下，食物体系已经今非昔比，我们的食谱不再受困于自己所处的地域，例如，虽然英国种不出一棵茶树，但这并不妨碍全民饮茶习惯的形成。全球化重塑了我们的食物体系，在这个过程中，权力、控制、风险和收益是分析的四要素。从生存层面来看，人类的需求有多复杂，食物的功能就有多复杂。按照马斯洛需求层次理论的分析，能吃饱饭是一个非常低阶的需求。

作为群居动物，人类需要心理上的安全感、需要社交、需要感受到爱意。回想一下家人为你做的饭菜，它们是否为你提供了安全感，提供了来自他人的爱意。而中国人习惯于在饭桌上谈生意，那么食物在这一社交场合的出现就拥有比填饱肚子更丰富的内涵。

将替代性食物体系和主流食物体系做比较，以便理解什么是替代性。市场经济和工业革命相伴而生，19 世纪 30 年代，欧美部分国家在英国之后，也纷纷完成工业革命。当前，绝大多数国家采取了市场经济体制：欧美主要国家以及日本均已成为发达的市场经济国家，与此同时，亚非拉地区大部分国家依然处于向现代化市场经济转型的进程之中，相比于发达国家的经济发展水平仍然十分落后。当前的市场也是全球市场，虽然 2020 年的新冠肺炎疫情让全球化有所退潮，但经济的全球化大势不可逆转，它将各国的市场紧密联系在一起。正如《共产党宣言》所指出的：“资产阶级，由于开拓了世界市场，使一切国家的生产和消费都成为世界性的了。”社会经济生活中占主流的食物体系有如下基本特征，即远距离、大规模、依赖化学农药、工业化，为全世界绝大多数消费者提供了日常所需的食物。远距离指食品不是产自本地，而是外地、外国甚至其他洲生产的，通过飞机、轮船、火车、汽车等交通运输工具运到消费地，为消费者提供了来自全世界范围内的食物。大规模指食品是大量采购的，经过批发、零售等环节，通过流通渠道进入消费领域，因其规模大，很多成本可以分摊。依赖化学农药指食品为了保证长时间不变质、口味和外观受消费者欢迎而加入化学制品，如防腐剂、着色剂等添加剂，在农产品和禽类的种养殖环节，为了防虫防病，大量使用农药、化肥等。工业化是指食品的生产都是工厂化的生产组织形式，食品来自大农场、大养殖场和大食品加工厂而非来自小农户。与主流食物体系不同，替代性食物体系的基本特征有：本地化、小规模、绿色化。本地化是指，替代性食物体系中的食品主要来自本地，或者食品的主要成分来自本地。什么是本地？这是一个需要经验判断的概念。2007 年，英国全国农民零售和市场协会（NFMA）依据地理位置和产品特征对本地进行界定：①通过距离市场半径的大小来划分本地和外地，通常情况下距离市场30公里以内均可以被定义为本地，但对于一些大城市、偏远地区而言，距离可以扩大到50公里，最大值为100公里；②通过行政区域来定义本地，如国家、省份以及县市等不同位置。有的国家则对本地做了较为精确的界定。2008年，美国的《食品、环境保护和能源法案》中对本地产品的界定为，经过物流运输的产品在州内生产、加工、售卖或者运输总距离在400英里之内，均被视为本地产品。通过上述对本地概念界定的例子，能够认为“本地”即为产品生产加工地和消费地处于某一地区之内，且产品具有可追溯性。小规模是指，替代性食物体系中的食品主要来自小农户、小农场，其生产的产品数量少且有各自的特点。绿色化是指，替代性食物体系中的食品在生产过程中完全不使用或最低限度地使用化肥、农药、食品添加剂等，依据各自的标准，可以达到有机、绿色或无公害等标准。然而，即使在主流食物体系出现较早的国家如美国，替代性食物体系的规模和主流食物体系相比也是非常小的。美国农业部的统计数据显示，替代性食物体系收入总和只占到全国农场总收入的0.4%。大部分的农产品仍然进入一个垂直分销体系中，最终链接到主流食物体系。例如，美国农业主产地加州圣芭芭拉地区所产出的农产品只有1%留在本地。这表明，主流食物体系有强大的分销能力，从经济效率上看，它可能是最优选择，但前提是不计算社会和环境成本。

替代性食物体系在现实经济中有多种表现形态，在国外有社区支持农业（Community Supported Agriculture，CSA）、农夫市集（Farmers' Market）、共同采购（Buying Club）、社区菜园（Community Garden）、巢状市场（Nested Market）、租地种菜（Garden Plot Rental）等。在我国以社区支持农业、农夫市集为主。虽然有文献认为，共同采购在我国也应该归入替代性食物体系。但本书认为，追根溯源，替代性食物体系出现的时代背景与主流食物体系有显著差别。而共同采购与社区支持农业、农夫市集这些典型的替代性食物体系的表现形态有本质的不同。共同采购既与绿色、环境保护无关，也与小农户、本地生产无关，而是传统食物体系中流通方式和流通渠道的一种重构。自 2008 年我国第一家 CSA 型农场——小毛驴市民农园在北京出现后，在全国如雨后春笋般地出现了一批 CSA 型农场，主要是在大中城市。与此相类似，后来出现的农夫市集也是集中在我国主要大中城市。替代性食物体系在我国的出现和发展，与返乡青年的思乡、返乡、实践、成长密不可分，这也是替代性食物体系在历史发展过程中，在我国的表现与其他国家有显著不同的地方。

（二）替代性食物体系发展的原因和逻辑

替代性食物体系为什么在世界各国陆续出现并发展起来？背后的原因和逻辑是什么？从供给侧来看，是农产品工业化的生产流通方式导致主流食物体系中的小农户举步维艰：大量的小农户和大量的消费者之间的商品交换，是少量的中间商居于其中完成的，这必然造成流通渠道中的权力分布不平衡，在流通渠道中居于不利地位的小农户分得的利益很少。大量的理论研究和实证研究表明，农产品特别是小农户的农产品在流通渠道中的利益大多被中间商攫取了。小农户为了生存下去，就需要绕开中间商，与消费者建立关联。从需求侧来看，是绿色消费运动和绿色消费者群体的出现和壮大。工业化的生产方式让农药、化肥在农业生产中的大量运用，已经对人类食物体系乃至生物圈产生了不良的影响。《寂静的春天》引发了社会大众关注环境问题。这本书指出，20 世纪 50 年代，在美国很多人开始感受到春天似乎失去了往日的喧嚣与生机，花丛中蝴蝶飞舞与蜜蜂采蜜的有趣场景少了许多，树林里的鸟鸣声也变得寥寥无几，该书作者认为是一种名为 DDT 的杀虫剂导致了眼前这种场景，虽然这种杀虫剂对害虫十分有效，对促进农业产量增加起到了巨大作用，但给益虫以及其他以食用昆虫为生的鸟类也带来了灭顶之灾。欧美国家的绿色消费运动由此产生，传播到日本，又逐渐扩散到全世界，发展至今。绿色消费者比较关注产品生产和流通过程中的环境保护，愿意为绿色产品支付绿色溢价。虽然这类消费者数量庞大且在不断增长，但在总体消费者中属于少数。绿色消费者需要绿色健康的农产品，小农户如果采用绿色的生产方式，就可以和本地绿色消费者建立直接关联。替代性食物体系正是在这种背景下，解决了小农户和绿色消费者各自的困难和需求后产生和发展起来的。囿于不同的经济社会背景、不同的消费者群体个人特征和偏好，不同国家和地区的替代性食物体系大致相似又各有不同，呈现多样性的特点。

但仅简单地从供给侧和需求侧分析，不能完全解释替代性食物体系的出现。自绿色消费运动出现以来，主流食物体系也做了相应的调整和回应：大农户、大农庄、大食品生产企业按商业有机认证的标准开展生产，商业认证机构进行认证并发放标签，食品通过主流食物体系的流通渠道进行远距离、大规模运输和中间商的流转，最终进入消费领域。既然如此，为什么还有替代性食物体系的生存空间？而且其总体规模仍在不断增长？虽然都是为消费者提供绿色有机的食品，但替代性食物体系与主流食物体系中的绿色食品在生产与流通方面均有一定差别，只有满足了一些消费者的需要，才能在商业认证绿色有机农业的激烈竞争中生存和发展。两者的差别主要有以下两个方面。第一，替代性食物体系中的绿色有机食品的价格低于商业认证的食品价格。商业认证机构作为专业化的中介机构，其有机证书的接受区域很广，认证费用高昂，导致有机食品的价格远高于普通食品。而替代性食物体系一般是基于人与人之间的信任或采用 PGS（参与式保障体系）进行认证。该体系基于当地利益相关者，包括生产者、消费者、媒体、同行业代表、中介组织的活动对生产农户进行绿色有机评估，并建立在信任、社会网络和知识共享的基础之上。世界上存在多种为农民和消费者服务的参与式保障体系。尽管具体的方法和程序各有特色，但各国和各地区在这方面的核心原则是一致的。并且，其标准体系与商业认证标准体系虽然有差别，但在核心原则上也是一致的。PGS 是非营利的组织，成员也是义务参与的，运行成本低，认证费用就低廉得多。与商业有机认证不同的是，PGS 只是区域性认同，即本地的消费者认同。这与替代性食物体系的本地生产、本地消费的理念是相符的。第二，替代性食物体系不仅提供了本地的绿色有机食品，还形成了生产者、消费者之间信息交流和沟通的平台与空间，成为“食物社区”。在主流食物体系中，消费者并不知道是哪些人、采用什么样的生产方式生产了这些食品；在替代性食物体系中，消费者和生产者是“半熟人”关系，消费者清楚地知道食品是谁、在哪里、大致采用什么方式生产的，还有不少消费者去过生产场地，对生产者有较多的了解。生产者往往会举办各种活动，邀请消费者参与体验生产过程，与消费者进行线下或线上的交流互动。这种人与人的熟悉与了解、人与人的接触、人与自然的接触和体验，是主流食物体系中商业化绿色食品生产所不具备的。

（三）替代性食物体系的重要问题：信任

正是信任的差别吸引了不少绿色消费者从替代性食物体系中获取绿色食品，也带来了一个实践和理论需要解决和回答的重要问题：如何解决替代性食物体系中的信任问题？产业组织理论根据信息与产品质量的关系，将产品分为三类：搜寻品、经验品和信任品。信任品的特点是，生产者与消费者之间存在严重的信息不对称，生产者因掌控生产全过程而拥有较多的产品质量信息，而消费者即使在消费了产品后，也不能判断产品质量的好坏。绿色产品就是一种比较典型的信任品。消费者无法根据外观品相甚至口感，直接判断出其是不是绿色产品。虽然绿色产品经常给消费者的感觉是品相不佳和个头小，对外宣称口感更好，但实际上绿色有机种植若提高技术、改进方法，也能做到品相佳和个头大，口感的差别比较细微，而且很难做到精细甄别，无法做出准确的推断。主流食物体系中绿色产品的信任问题是通过品牌和商业有机认证来实现的，对此的理论研究较多，在实践中该问题也基本得到了解决。而替代性食物体系的信任是通过熟人和 PGS 来实现的，问题更复杂、更具有地方文化特色。相关的研究不多，在实践中特别是在信任度不高的国家，这是一个阻碍替代性食物体系进一步发展的关键问题。研究这一问题，既有较强的理论意义，也有较强的实践价值。

二　替代性食物体系文献回顾

20 世纪 50 年代之前，对于信任这一主题的研究始终未受到社会科学的重点关注。随后，社会学、经济学、心理学等学科分别从各自学科视角逐渐关注到这一主题，并进行了大量研究。20 世纪 90 年代之后，西方国家大都颁布实施了与绿色产品相关的法律，引起了许多学者对绿色产品信任的关注和研究。2005 年以前，涉及替代性食物体系的研究主要集中于消费者个体特征、福利计算和经营管理模式等几个方面，几乎不涉及信任问题。2005 年以后，学者们才逐渐关注到消费者信任这一问题，这是由于在西方国家的替代性食物体系中生产者与消费者之间沟通较为频繁，信任度较高，再加上替代性食物体系中绿色产品认证体系较为完善，信任并不构成主要问题。已有文献主要从三个视角对绿色产品信任问题进行研究。

(1) 信任来源。其一，信息。消费者通过各种方式获得产品品质、价格等信息，所获信息的准确性、数量等反过来对消费者的风险沟通和识别产生影响，进而作用于其对产品的信任度（Bredahl，2001）。尽管信息能够对信任产生影响，但现有学者就两者之间的因果关系认识并未达成一致：有学者发现真实准确的信息能够提高消费者对产品的信任度，而信息量不足或信息准确性较低往往导致不信任产品；也有部分学者指出两者之间存在反向因果关系，正是由于消费者对产品的信任度较低，其将搜寻更多的相关信息。其二，制度。在消费者购买绿色产品的过程中，其和绿色产品供给之间产生一种直接相关关系，而和市场监管部门、产品鉴定专家之间产生一种间接作用关系，消费者本质上是由于对整个市场监督管理体系的信任和认可，进而产生了对绿色产品的信任和消费行为，因而信任和制度有关。参与式认证与第三方认证均属于有效的制度保障方式。其三，生产者。生产者主体本身也是一种影响消费者信任的重要因素，例如生产者的自身品质特征、性格及给消费者带来的服务体验等均能够显著影响消费者对产品的信任度。其四，文化。信任来源于文化。信任变化较为缓慢，且其深深地镶嵌在一个地区的文化之中，身处于不同地区文化和人群当中，信任也存在明显差别。文化因素是造成中国社会人与人之间信任度不同的重要原因。

（2）信任的产生与演变。随着经济社会的发展，信任构建已逐渐演变为产生信任的重要方式。脱域性与时空分离是主流食物体系的显著特征，而通过打造产品品牌、完善各种产品认证体系、加强政府部门监管以及提升产品可溯源性等能够构建消费者对其的信任。替代性食物体系作为当地农场销售其产品的供应系统，有本地与嵌入的特征，信任主要通过知识共享、参与式认证和人际信任来建立（Cleveland，2015）。信任的发展需要经历谋算、了解、认同三个过程，且在这三个过程中逐渐增强。生产者由于天生的逐利性而造成的投机行为，必然会影响消费者对产品的信任度，然而信任的特殊性促使消费者一旦失去对产品的信任，如若想重新修复这种信任将异常艰难甚至不能获得修复。事前对生产者的行为进行规范以及建立严厉的惩罚机制能够有效地避免信任受损。

（3）消费者与生产者之间的关系。替代性食物体系是对传统主流食物体系中的农产品生产、物流运输以及交易空间和社会属性的重构，是一种对主流食物体系的完善与变革的新兴食物体系。在替代性食物体系中，生产者赚取了较高的利润，消费者体验到了耕种过程，并获得了绿色产品；生产者与消费者能够充分沟通交流，形成饮食者社群，并构建出一种“触空间”（Hayden and Buck，2012）。

国内涉及信任的相关研究可以追溯至费孝通1948年对中国信任具有差序格局特点的论述。在20世纪90年代之后，学者开始了对消费者信任问题的研究，一方面是对福山（2001）的回应，另一方面着力解决当时市场上假货横行和消费者对产品信任逐渐丧失的问题。自1990年起，随着中国绿色食品标准的制定实施，部分学者也开始对主流食物体系中消费者信任问题进行深入研究。大部分学者套用西方的理论经验和方法，进一步结合我国实际情况进行研究。随着食品安全问题日益严重，国内开始尝试和模仿西方社会替代性食物体系的运营，之后学术界也逐渐注意到自动信任协商（ATN）中的信任问题。鉴于国内对ATN的实践时间较短，与其相关的研究相对较少，现有相关文献主要关注以下几方面。

（1）我国社会信任的主要特征。中国人信任结构较之西方发达国家以制度保障彼此之间的信任有较大的不同（朱佩娴、叶帆，2012），具有本土与多元的特征（王飞雪、山岸俊男，1999；翟学伟，2014）。中国人对他人的信任具有明显的差异性与歧视性特征，这些特征与他人的背景情况关系密切（孙娟等，2014）。中国人的信任具有建立在利他偏好基础上的特征（陈叶烽等，2010）。中国人更习惯于利用自己的关系网构建朋友圈，即通过人与人之间的相识与熟悉，形成关系网、建立朋友圈，进而产生信任，这是中国人构建信任关系的重要步骤。当今经济社会的发展与进步对传统的信任建立方式也产生了巨大的影响（杨中芳、彭泗清，1999），旧的信任机制被打破，新的信任机制还未建立，一方面有别于中国社会传统的信任产生方式，另一方面不同于发达国家构建的制度信任模式（郑也夫，2001）。有学者认为，中国衍生出了信任危机（郑永年、黄彦杰，2011），食品行业的信任问题更为突出（徐立成等，2013）。

（2）替代性食物体系（AFNs）中绿色产品消费者信任的构建。有研究发现，社区支持农业主要通过供应绿色安全食品、与客户沟通交流、开放的生产方式、关怀理念和共享的第三方关系等方式与消费者建立起信任（陈卫平，2013），同时消费者社交媒体的参与，能够在信任构建的过程中发挥积极的作用（陈卫平，2015a）。参与式认证是CSA中消费者信任建立的重要方法与措施（温铁军、孙永生，2012）。在中国，替代性食物体系网络化程度较高，网络在建立信任关系的过程中发挥了助推器功能（帅满，2013）。以法律法规为基础的制度信任，是我国替代性食物体系在之后的发展过程中需要着重关注的（张纯刚、齐顾波，2015）。

（3）我国替代性食物体系中生产者和消费者之间的关系。食品安全问题日益严重与我国中产阶层群体逐渐扩大两个因素共同推动替代性食物体系在我国的实践与推广，实质上它是人们应对食品安全问题的一种自救组织（石嫣等，2011）。替代性食物体系通过重新将产品需求者与供给者连接起来，通过社会制度重新构建两者之间的信任关系（刘飞，2012），这个过程需要综合考虑经济、地理、心理等多个因素，重新思考生产者和消费者之间的信任关系（沈旭，2006）。相对于西方现代化国家，我国替代性食物体系中消费者对增强环境保护认识、支持农产品生产者发展、体验农产品耕种收获过程等考虑较少（杨波，2014）。

综上所述，国内外学者对于一般意义上的绿色产品的消费者信任问题已经做了较多研究。不过，国外学者对于替代性食物体系中绿色产品的消费者信任问题研究较少，更偏重于研究一般意义上的绿色产品的消费者信任问题，并且很少考虑特殊的社会环境因素，对于网络怎样作用于替代性食物体系中绿色产品的消费者信任更少涉及。尽管目前已有文献对我国社会信任问题进行研究，但涉及我国社会信任环境如何作用于替代性食物体系中消费者信任问题的文献仍然较少，且对它的研究主要集中于怎样建立信任，对于消费者信任机制的建构、运行与修复的研究较少。需要在以下几个方面做更深入的研究：①中国特定的社会信任环境对替代性食物体系中绿色产品的消费者信任的作用效果；②替代性食物体系与网络的结合对绿色产品的消费者信任的作用机制及路径；③我国现有的替代性食物体系中消费者信任的产生、运行、修复的机制与政策含义。在上述三个方面中，第①和第③个方面极具中国特色，在目前社会信任关系转型的特殊环境下，对深入研究替代性食物体系中的消费者信任的产生、构建及修复，拓展现有消费者信任问题，进一步加深对国内社会信任体系构建复杂性的理解，具有较强的理论价值。在应用价值方面，便于厘清国内替代性食物体系中消费者信任的来源、构建和运行，以及目前出现的问题，能够更好地帮助绿色产品生产者构建和维护与消费者之间的信任，为其进一步扩大客户群体提供良好的思路，也为政府等相关管理机构引导和监管替代性食物体系发展提供有益的对策建议，丰富替代性食物体系中绿色产品的供给，有效推进绿色农业的发展。

三 替代性食物体系的研究价值

从全世界范围来看，无论在哪个国家，依赖中小农户的替代性食物体系的参与者都是少数，而且很可能在相当长一段时间内都是如此。即使在未来，生态农业、绿色农业占主导和主流，也是规模化生产，不会是中小农户生产占主导。那么，研究一个小众市场的消费者信任问题，价值何在？

从理论价值上来看，信任在社会学、管理学、经济学中都受到了足够关注，是一个重要而有趣的问题。信任还是一个历史问题，随社会、经济、文化的演进而变化，因此，在一个特定的历史阶段，在一个特定的社会文化环境中，信任会表现出自身的特点，也会呈现一些不随历史和环境条件改变而改变的共性。我国处于近代以来最好的发展时期，经济社会都在发生全面改革和深刻变化，向高质量发展不断迈进。这种变革给研究信任问题提供了独特的历史环境，有助于丰富对于信任问题和绿色产品市场的研究。具体来说，熟人社会由于城市化的推进而慢慢瓦解，制度信任，特别是对有机认证的制度信任正在慢慢建立，但整体处于较低水平。由中国传统文化带来的一些人际信任的特殊性给本书研究带来了可供挖掘和探讨的问题。虽然信任在主流的绿色产品市场中讨论比较充分，但对在替代性食物体系的环境和条件下的信任研究很少，特别是在我国这样很独特的环境和情境中的研究更少。替代性食物体系在我国出现的时间不长，处于成长的初期和快速发展阶段。对这些方面开展理论研究，能够帮助我们更进一步地理解绿色消费者的行为、信任，理解消费者在熟人、制度、社会网络、互联网、食品社区中的态度、心理、行为等诸多问题。这些问题虽然不大，但是一个迅速成长的小众群体的问题，而且其中的一些规律和特性在以前的条件和环境中并没有，研究它就有了独特的意义和价值。

从实践意义来看，影响替代性食物体系在我国发展的速度和质量的因素很多，有物流问题、消费者的观念问题、农业补贴的设计等。信任不足是其中一个很关键而且短时期内不好解决的问题，主要是因为信任的产生、来源、维系比较复杂，影响因素众多，既有客观因素，又有主观因素，这些因素有些是个人的，有些是社会的，有些是环境的。研究这个问题，提出对策建议，有利于这个关键又复杂问题的解决，从而加快替代性食物体系在我国的高质量发展，满足消费者日益增长的对安全绿色食品的需要，也是在绿色产品市场中解决人民日益增长的美好生活需要和不平衡不充分的发展之间的矛盾的需要。

第二章　主流食物体系的困境与替代性食物体系的兴起

主流食物体系在发展过程中遇到了一些在体系内难以解决的困难，如对环境的破坏，农药、化肥滥用对人类健康的影响，生产者和消费者之间关系的疏离，等等。替代性食物体系应运而生，满足了绿色消费者和从事绿色生产的小农户的需要。各国的替代性食物体系既有大致相同的特征，也有各自的特性，且随着生产技术、消费者群体特征、主流食物体系等外部环境的变化而发生了演变。

一　主流食物体系的历史沿革

首先需要界定什么是主流食物体系。主流食物体系指的是，在一定的历史时期里人类社会多数人生产、获取食物的诸多要素的组合。从这个意义上来看，主流食物体系是一个历史范畴，从外延表现来看，它会随着时间的流逝而发生变化。任何生物的生存都有赖于足够数量和质量的食物，食物的生产和获取对于生物界就成为头等大事。人类既有动物性，又有复杂的社会性，人类社会的生存发展与食物体系的形成、演进密不可分。正如恩格斯曾指出（1963：374），“马克思发现了人类历史的发展规律，即历来为繁茂芜杂的意识形态所掩盖着的一个简单事实：人们首先必须吃、喝、住、穿，然后才能从事政治、科学、艺术、宗教等等”。从以上辩证唯物主义原则出发，人类社会与食物的关系首先是物质和生物学的关系，其次才会有食物的生产、获取、观念等经济和社会文化的关系。

第一阶段是人类社会存在时间最长、分布最广泛的狩猎和采集阶段，对应于石器时代。人类在200多万年的时间里都过着采集和狩猎的生活，完全不会干预植物的生长和动物的繁衍。人类采集果实、猎杀绵羊，但是从来不会去研究果树应该长在哪里，羊群应该在什么地方吃草。因为，采集者和狩猎者过着满足的生活，当时的社会结构、宗教信仰和政治情况也都稳定并且多元化。这种食物获取方式的群体经常性地处于食物搜寻和游动状态。直至现在仍有部分地区的居民以采集和狩猎作为主要的食物来源，这种生存方式之所以能够持续下来，更主要的原因是相关民族在不断传承过程中对世界的认识和理解，进而塑造了这些民族生存性的智慧。这种认识与理解能够解释这些民族与其所处环境之间的一种和谐关系。采集和狩猎或许是人类与自然最好的一种和谐相处的方式，若没有出现偶然间的驯化，人类也许能够将这种生存方式一直延续下去。在这个阶段，人类的食物在数量上维护在较低水平上，在品种上也谈不上丰富。而且，出于对食物的自然约束和节制习俗，人类的生理需求与食物之间建立了一种平衡和友好的机制：人类所生存的自然环境能够给予满足其需求的食物，自然环境与人类能够形成一种和谐相处的状态。从这点来看，石器时代人类与食物的关系在今天仍然值得我们探究与思考：现代社会，人类好像永远得不到满足的食物欲望最终将产生何种结果？人类对环境的破坏和一些物种的灭绝最终会影响他们的生存和发展。在这个阶段，人类文明总体处于蒙昧状态，人们对食物的理解与认识往往通过自我体验获取，并且还进一步给食物赋予宗教或神圣的意味，因而形成了三种不同的食物分类，包括神能够享用的食物、人类能够食用的食物以及人类和神均能享用的食物。对一些原始部落的当代分析表明，石器时代的人类有一套简单的分类办法。他们认为，人类、动物和神之间存在某种关系网络。神、人类和动物都有属于自己的活动领域，同时三个群体偶尔也会产生互动。系统内部的问题可能更多地发生在人类社会中，人类与动物一般并不会产生某种冲突行为，但一旦这种冲突与交叠产生，神便出现并发挥作用。其中，巫术仪式行为是人类与神产生沟通、联系的重要媒介。当人与动物之间产生某种联系之时，也需要利用巫术仪式完成与神之间的交流。于是，在神、人和动物之间的互动过程中，形成了一种运作的机制，该机制将认知的体系、仪式的具体行为和宗教信仰等因素都包括在内，能够有效地运转。

在这个阶段，更容易清晰地看出，人类与食物之间的关系更多地表现为一种共生的关系。共生现象普遍存在于大自然中，是一个自然现象，共生的不同组成部分之间是相互依存、相互制约的。例如，动物、植物以及人类之间相互影响、相互制约，三者之间的生存、发展关系及其联系机制影响着三者之间的和谐关系，这是人与自然关系和联系机制的一种反映。反观从产业革命到现在的几百年间，人类已经对其周遭生态环境产生了极大的破坏，严重干扰了人与自然之间的和谐共生关系，使其处于一种“失范”状态。上述情况当前在发展中国家尤其明显。再比如，动物作为食物在社会系统中扮演重要的文化角色，在狩猎阶段经常被用于祭献，并有以下几个特征：①动物可以作为一种“洁净”品，成为祭献的贡品；②与此同时，新鲜肥美的动物也被认为是更有资格成为祭祀时使用的贡品。人类与动物之间也存在互动。这种互动关系不完全是由人类主导的，对其他动物物种进行改造的过程是一个“互为主客体”的共同进化过程。同样值得反思的是，我们的祖先曾经与各种生物和谐相处，但我们今天的许多行为违背了这些基本的原则。人类只有与它们真正和谐共处，才能最终善待人类自己。

第二阶段是从新石器时代到工业革命前，人类由食物的采集者转变为生产者。在漫长的狩猎和采集过程中，人类逐渐了解和清楚了一些可食用性植物的生长和变化规律，并逐渐开始学习与掌握这些植物的种植方式，逐步形成半定居等待收获的农耕生活方式，同时，由狩猎逐步到有意识地驯养动物，由此出现了农业和畜牧业。人们逐渐开始投入所有的时间和心血，影响一些动植物的生长、繁育。从白天到黑夜人类不断忙碌着，播种、施肥、浇水、杀虫、收割、驯养等，日复一日、年复一年只为能够收获更多的瓜果蔬菜和肉来维持生活。这一生产、生活方式的巨大变革，后来也被称为新石器革命。鉴于地区之间的经济发展水平不同，农业在各地的产生时间也具有极大差异，产生时间大体上为公元前8000年到公元前3500年。同时，部分地区的居民在此期间依然从事着采集和狩猎的生活。这一生产方式的革命为之后的社会变革提供了巨大的物质保障。在狩猎和采集时代，人类所获得的食物仅仅能够满足基本生活需要，即使能够收获更多的食物，其条件也不允许食物长期储藏。人们在进行农业生产之后，不仅仅能够得到满足其生活所需的稳定食物，更是首次生产出多于其所必需的食物并能够进行储存。这就使人口更大规模的增长成为可能，同时有机会让更多人脱离生存性的生产活动，带来新的劳动分工和商品交换与买卖，使得部分人拥有更多的财富，促使原始社会的土崩瓦解。整个农业和畜牧业的生产方式以小规模为主体，整个经济基本处于自然经济和自给自足状态。人们食物的主要来源是本地和自己生产，外地和外购的食物由于农业生产力不发达，运输手段、贮存技术落后等原因，所占的比重非常低。另外，对食物的加工程度也比较低，用现在的视角来看，食物都是原生态的。《四千年农夫》一书就是对这一时期东亚农业生产的描述，东方农业是全世界最好的农业，同时它的民众也是辛勤聪明的生物学家。如若能够将东亚的农业生产经验推广至世界各地，那么世界各地的民众都将拥有更为富足的生活。这个时期的商品交换和商业有如下特点：商品交换和商业一直在发展，规模也在逐渐扩大，但无论是在东方还是在西方，都是自给自足占主导地位，商品交换不发达，在经济总量中占比较小；商品交换和商业以国内市场为绝对主体，对外贸易的规模和占比都非常小。这些特点也决定了农业产品的交换规模和区域范围。

第三阶段是工业革命前夕到农业绿色革命前。这个阶段在世界各国的时间不完全一致，初始于英国，是各国在工业化前的又一次农业革命。

在这期间农业生产力得到了飞速提高，农业生产的规模扩大，产量迅速增加，为工业革命提供了足够的食物和农村农业剩余劳动力。没有这场农业革命，工业革命就很难顺利开展。以英国为例，马克思在其著作《资本论》当中曾多次提及农业革命，它起始于15世纪70年代，主要内容是伴随土地所有权关系革命而来的，是耕作方法的改进、协作的增强、生产资料的积累等。圈地运动改革了封建土地制度，扫除了资本主义农业发展的障碍，是农业革命的基础，农业生产技术的变革与提高在其基础上才能顺利进行。相关的农业技术变革主要有新品种种植、耕种制度的变革与进步、牲畜的品种改良、农作物施肥等，尽管大部分技术可能早已在中国、埃及等地传承沿用成百上千年。英国的农业革命使农村的面貌焕然一新。奇波拉（1989）认为“农业革命——因为农村生活发生如此深刻的变化，可以正确地这样叫——结束了僵局，突破了束缚，从而为工业革命铺平了道路”。农业革命如何成为后来的工业革命的基础呢？首先归因于农业产业在封建社会中至关重要的经济地位，圈地运动为工业革命提供了劳动力来源。在圈地运动时期，大量人口从农村转移至城市进行谋生。资料显示，从17世纪至18世纪，人口总数在威尔士与英格兰增长了81%，其中农业人口仅上涨8.5%（Floud and McCloskey，1994)，为什么圈地运动把农业农村人口挤向城市？首先是圈地运动将原有耕地转变为农牧场，进而所需劳动者极大减少，并且土地所有权集中度大幅提高，加速了规模化农业的发展进程，便于农业机械的采用和推广，提高了劳动生产率。其次是农业革命为工业革命提供了充足的原料。在圈地运动中，资本主义大农场逐渐占据主导地位，农业的耕作和栽培技术也经历了重大的改革，如轮作制代替了传统的耕作制度、人工肥料的推广使用、农业机械设备的运用、牲畜品种的改良等（何洪涛，2006)。1750～1850年，英国的小麦产量增长225%，大麦产量增长68%；在18世纪，牛一般要10年左右长肥，到19世纪初，五六年就可以，羊的育肥期从4年缩短为2年。农业革命，一方面为随后的工业革命提供了大量必要的工业原材料，如羊毛、脂肪等；另一方面提供了大量的粮食等农产品，同时也为工业革命积累了大量资本。土地所有者通过出租土地所有权收取了大量租金，土地租赁者通过从事农业生产也获得了大量财富，两者进一步通过工业生产赚取了高额利润。总之，历经数百年的经济发展，国民经济主导产业的地位也逐渐由农业生产让渡给工业生产。英国经济站在了世界的前列，这一过程同时是劳动力、市场、资本、技术等资源由农业配置到工业生产的过程，是农业革命孕育工业革命的过程。其他国家的农业革命和英国的农业革命时间不尽一致，内容上也有一定差别，但主线是一致的，都实现了农业产量的大幅度增加。这一时期，自给自足的自然经济占比越来越小，工业经济逐渐占主导地位，市场交换和市场交易的规模迅速扩大，人们的食物来源多元化，有越来越多的部分来自外地，来自通过深加工形成的食物，但仍以本地食物和加工程度低的食物为主。商品交换的规模迅速扩大，深度和广度前所未有，欧美主要国家迅速从自给自足经济过渡到市场经济。对外贸易规模急速扩大，包括食品在内的商品在全球范围内流通和消费。哥伦布大交换是旧大陆与新大陆之间联系的开始，是一件关于生物、农作物、人种、文化以及观念在东半球与西半球之间的一场引人注目的大交流与转换，也改变了多个地区的食物结构。如葡萄牙贸易商在16世纪将玉米及木薯从美洲带入非洲，取代原有农作物，使之成为非洲大陆最主要的主食农作物。亚洲亦在16世纪由西班牙殖民统治者引入番薯及玉米，令粮食充足，刺激亚洲人口增长。同样，来自美洲的番茄在意大利成为制造番茄酱的原料等。

第四阶段是绿色革命，在发达国家发生于20世纪初，在发展中国家发生于20世纪中叶。这个阶段是农业的化学化和生物化，包括化学肥料、化学农药、激素、各种类型的塑料制品等化学制品的广泛使用，以及对农产品、种子进行化学加工和处理等。农业中广泛采用化学制品和化学措施，见效快、成本低、增产效益明显。但也有一些副作用，如化学制品和化学措施一般对人、畜有害，且多有后遗症。农业生物技术也在农业中得到了广泛运用，如运用基因工程的方法培育高抗病性、抗倒伏、抗寒农作物。采用基因工程手段生产的工程菌农药可以实现高效、低毒、低残留杀灭害虫；采用同位素育种和常规育种相结合，可以筛选高产、抗病、抗逆境等优良性状的农作物；还包括转基因技术在生物育种、除草剂等方面的运用。这些都大幅度提高了农业的产量，但也带来了土地退化、生物多样性受到破坏、环境污染等问题。转基因食品虽然未有定论，但毁誉参半，很多科学家和消费者拒绝转基因技术。同时，食品添加剂得到了广泛使用。合理使用食品添加剂可以防止食品腐败变质，部分食品添加剂能够将食品中存在的有毒微生物，如曲霉素菌等杀灭掉，保障人们的食品安全，同时，另外一些食品添加剂能够保持或增强食品的营养，改善或丰富食物的色、香、味等。食品添加剂不总是能够带给我们好的方面，当提到食品添加剂时，人们有时也闻之色变，对其持负面的态度，主要是因为非法添加和添加过量会带来毒性。经济全球化的加速推进，促进了运输技术的提高和成本的降低，进而大大提高了人们食物的丰富性和多样性，外地或者外国的食物在消费者日常生活中的比重增加迅速。同时，加工食物的比重也在迅速提升，人们几乎每天都要食用一定的带有添加剂的食物。绿色消费从 20 世纪中叶开始在欧美国家的消费者中兴起，以积极应对农业化学化、生物化和添加剂大面积广泛使用的问题。

第五阶段是 20 世纪 80 年代以来，可持续发展理论的提出与实践。自工业革命以来，生产力得到了飞速发展，物质财富积累迅速，生活水平提高显著。但现实的种种困难和问题，导致人们开始对自己过去所取得的种种举世瞩目的成就进行反思，使人们越发清楚地认识到，世界各国现今所追求、模仿的西方发展道路是不具有持续性的。人类所面临的不单单是经济发展的挑战，更需要从价值观、文明、文化等多维度进行更深层次的变革，探索出一条能够持续发展的模式和道路。人类对自己取得巨大成就的反思主要归因于其长期赖以生存的发展模式并且这一发展模式已逐渐影响人们的生存和发展。一是资源危机。工业生产的主要原材料大都是不可再生的（如石油、矿石等），据估计，地球现有矿产资源保有量最长可开采年限为100～200年，最短可开采年限仅为几十年。淡水资源也非常紧缺，地球上可直接使用的淡水资源仅占水资源的2.5%，其余绝大部分为不能直接使用的海水，并且淡水资源分布极为不均，绝大多数发展中国家存在不同程度的水资源短缺问题。二是土地沙化日益严重。由于森林面积减少严重，畜牧业规模逐渐扩大造成草场大量被破坏，全球沙漠面积已扩大至4700万平方公里，已经达到陆地面积的30%，且依然保持着每年增长6万平方公里的速度。三是环境污染日益严重。空气、噪声、水污染等共同组成了环境污染，由于工厂、电厂、汽车等大量使用化石燃料，二氧化碳等气体排放量不断增加，进而产生温室效应。最终后果即为气候反常情况频发、严重影响人类正常的农业生产和生活。四是物种灭绝和森林面积大量减少。据估计，地球最初森林面积为6700万平方公里，且陆地森林覆盖率达到60%，然而到20世纪80年代这一数据减少到2640万平方公里。伴随森林面积的大幅减少，全球每天有几十种生物灭绝，其中不乏一些人类尚未了解的物种。现今突发的种种灾难与危机大多是由人类自身导致的。尽管西方的工业文明使人类经济发展取得了举世瞩目的成就，却是以破坏人们赖以生存的环境为代价的。现今人们再一次站在一个岔路口，再一次面对生与死的选择。“可持续发展”这个专有词语在1980年3月召开的联合国大会上被正式提出来。随后，可持续发展战略、科学发展观等概念也相继被提出，可持续发展代表一种新的发展理念，它客观上要求人类社会目前进行的生产是要有可持续性的，要基于长远发展的目标来合理安排生产，达到既满足现实的需求，而又不牺牲未来发展机会及资源的目标，以实现双赢。这种理论和战略得到了很多国家和各类群体的响应。越来越多的消费者在消费过程中关注环境问题和健康问题。和上个阶段相比，本阶段越来越多的消费者开始拒绝或减少对加工食品的食用，对绿色食物的需求量迅速增加，绿色食物的比重在迅速提高。绿色食物的生产有两类，一类是经过商业认证的、规模化生产的；另一类是没有经过商业认证的，或者是通过参与式保障体系（PGS）认证的。但主流食物体系仍然是以远距离、规模化生产的食物为主体的。

二　主流食物体系的困境

如前所述，主流食物体系是个变化的概念与范畴。在当下，主流食物体系分为两个子系统，一个是非绿色食品的生产流通体系，另一个是绿色食品的生产流通体系。世界各国绿色食品的分类大致相似，以我国为例，可以分为无公害、绿色、有机三个层次，有机的级别最高、要求最严。借助现代社会高超的贮存技术（如真空包装、冷链物流等）和高效的运输技术，主流食物体系这两个子系统的共同特点是：专业化和规模化生产、远距离运输、长时间保存。这两个子系统的主要差别在于，生产和流通过程当中是否有一定的化学、生物原料的添加和使用。从前述的历史沿革可以看出，当下的主流食物体系在发达国家是从 20 世纪初开始建立的，在发展中国家是从 20 世纪中叶开始建立的，到 20 世纪 80 年代做了一次调整，但主要形态并没有发生大的变化，牢牢占据当下食物体系的主流。从人类的经济大系统来看，这个食物子系统适应了规模经济和效率的需要，是城市化、工业化、城镇化和农业技术提升所带来的必然结果，满足了绝大多数消费者的需要。同时，主流食物体系在环境、人类健康上带来了比较严重的问题，而在自身范围内又难以解决这些问题，使其在实践中陷入困境，需要做比较大的调整或寻求某种补充性食物体系，从根本上消除或减少这些问题。

主流食物体系的困境主要表现为：大量使用化肥、农药等，不仅带来了农业面源污染，影响了消费者健康，而且已经影响人类的整个生态系统，显著影响了人类的生存和发展。《寂静的春天》出版于1962年，由美国海洋生物学家蕾切尔·卡逊所著，是20世纪最有说服力的呼吁保护生态环境和拯救地球的开山之作。在此之前，环境保护和生态平衡只是存在于科学研究和学术讨论中，那时主流的观点是征服大自然，向大自然开战，大自然是被征服和控制的对象，而不是和谐共生共处的对象。这种主流的观点已经流行很多年，从客观上讲，人类文明的很多进展是基于这种观念而获得的。该书第一次系统性地对这种观念进行了质疑。该书阐述了当时在农业中广泛使用的农药DDT的危害，以翔实的数据和资料，严肃地指出人类不加选择地滥用杀虫剂和除草剂等化学合成制剂，将会危害鸟类和其他野生生物。关注环境不仅是工业界和政府的事情，也是民众的分内之事，该书第一次向人类提出警示，化学合成制剂通过污染食品、空气和水，威胁人类的健康和生存，因过度使用化学药品和肥料而导致环境污染、生态破坏，最终给人类带来不堪重负的灾难，并且阐述了农药对环境的污染，用生态学的原理分析了这些化学杀虫剂给人类赖以生存的生态系统带来的危害，指出人类用自己制造的毒药来提高农业产量，无异于饮鸩止渴，人类应该走“另外的路”。

该书出版后，在社会上引起了深远而强烈的反响，各国政府和社会公众逐渐开始正视和解决这个问题，一些剧毒农药得到了禁用或比较严格的控制，但该问题没有得到根本的解决。

首先是规模化农业生产的需要，杀虫剂和除草剂仍然在广泛而大量地使用。近些年，全球的农药使用量在350万吨左右，并没有明显减少。发达国家的农药使用量保持稳定或略有减少，大多数发展中国家的农药使用量仍然在增加。以美国为例，它是世界上农药使用量最大的国家之一，年使用量在30万吨左右，近些年农药使用量没有明显变化，其中农业用途约占80%。据不完全统计，除草剂、杀虫剂、杀菌剂每年的平均使用量分别达到20万吨、10万吨、2万吨，三者中除草剂的使用量最大，呈现稳中有升的发展态势；杀虫剂的使用量是除草剂使用量的1/2，呈现逐渐下降的趋势；而对于杀菌剂来说，其使用量相对较少，年度间无明显变化。[①] 为了保证食品安全，美国环保署（EPA）在 1996 ~ 2006 年的 10 余年间，通过提高安全标准等方式，直接取消或者间接限制使用在农业生产中常用的 270 多种农药，有效地避免了农作物中农药残留程度过高的现象发生。再以中国为例，农业部 2015 年提出，到 2020 年，农药的使用量实现零增长，到 2018 年我国就提前 3 年实现了这个目标，但农药的使用量每年也有 170 万吨左右。[②] 这些数量巨大的农药使用后，要么被人食用后进入人体，要么直接留在大自然中，在地球的生物圈里不断积累和循环，对整个生态环境产生不良的影响。在远离人类生活圈的南极生物企鹅的体内也检测出了农药的成分。进入人体的农药残留则会影响人类的健康，或者直接带来食品安全问题。农药是否合规地使用，残留是否达标，取决于本国本地的治理水平。世界各国，或是一国的各个地区的治理水平参差不齐，导致每年因农药残留过量而引发大量的食品安全事件，从而引起消费者对主流食物体系的不满和担心。这种对食品安全的影响和消费者的担心是由主流食物体系带来的，很难从根本上予以解决。

其次食品的普遍和深入加工主要发生在生产环节，也有一部分发生在流通环节，能够影响消费者的身体健康，从而带来食品安全问题。普遍和深入加工的原因很复杂，主要原因有以下几个。一是远距离运输和长时间保存的需要。主流食物体系决定了消费者的食物来自世界各地，要依靠海运、铁路、公路、航空等运输方式从世界各地运到消费者所在地。虽然现在保鲜技术和冷链物流有了长足进步，限于成本或食物本身的特点，为了保证食物不变质或者新鲜，绝大多数食物要进行加工，并且在食物中添加一些生物或化学成分，如保鲜剂、防腐剂等。如果这些食品添加剂的量是合规的，且消费者每天控制好摄入食品添加剂的总量，

---

① 数据来源于世界农化网。

② 数据来源于国金证券研究所。

那么这些加工的食物对人体的危害就很小。若涉及非法添加或者超标准添加，又或者消费者没有控制好摄入食品添加剂的总量，那么这些加工的食物对人体的危害就会很大，会出现食品安全问题。二是迎合消费者的需要。主流食物体系运行的出发点是利润最大化，生产商、流通商和消费者之间是服务和被服务的关系。无论是生产商还是流通商都要迎合消费者的需要，以在激烈的竞争中生存和盈利。消费者追求食物更好的外观和颜色，生产商和流通商就想办法添加着色剂等添加剂，让食物看起来更好吃、更美观；消费者希望食物有较长的保质期，生产商和流通商就会在食物中加入保鲜剂、防腐剂等添加剂；消费者希望有更好的口感，生产商和流通商就会在食物中加入一些生物或化学的添加剂，让食物更美味。这些添加剂若按规定使用，控制好量，则对人体的危害可控，不影响人体健康，但对人体毫无益处。只是在实践中，不按规定使用和超标使用的现象非常常见。而且即使某一类食品中的添加剂不超标，由于消费者每天会食用多种食品，也可能会造成总量超标，给消费者身体健康带来危害。这也是造成食品安全问题的主要来源之一。

在主流食物体系中，存在经由商业认证带来的绿色产品价格偏高，相伴而生的还有由监管体系不健全带来的信任低下的问题。主流食物体系中，仍然有不使用或严格限制使用农药、化肥、转基因或不进行加工和使用添加剂的食物，如生态食品、绿色食品或有机食品。有机产品不仅包含有机食品，同时还包含棉、竹、化妆品等。在我国产品市场上，有机产品主要有瓜果蔬菜、粮食、水产品、家禽牲畜产品等。无公害农产品主要是指产品原产地环境、产品生产加工过程及其品质等达到国家相关产品规定和要求，通过品质专业认证、获得产品品质认证证书，且获批使用无公害产品标识的初级农产品。无公害农产品在生产中能够按照相关规定合理使用农药与化肥。绿色食品通常是指原产地环境良好，生产过程符合国家有关标准和要求，产品品质把控贯穿整个生产过程，且需参考绿色食品行业标准，经认证取得绿色食品标志使用权的高品质、健康农产品。绿色产品在生产过程中尽管也能够使用化肥与农药，但对它的限制和要求相对于无公害农产品来说，往往更为严格。主流食物体系与之配套的有商业化的认证机构。这些商业化的认证机构以企业的方式运作，属于社会中介组织。如在1991年发起设立的欧盟有机认证，现已成为全球知名的大型有机认证企业。欧盟有机认证始终秉持给予企业高效、严格的认证服务理念，客户群体广泛分布于全球70多个国家与地区，欧盟有机认证严格遵从ISO 65导则规定实施认证工作，得到了欧盟、美国相关权威机构对它的认可，并在日本获得批准参照JAS标准进行认证的资格。我国的有机认证机构很多，都是经过国家认监委批准的。商业化、专业化的认证机构要维持其运行，保持合理的利润，都要向申请认证的企业或农场收取一定的费用。从实践经验来看，这笔不菲的费用只有大企业或大农场才能支付得起，中小农场和中小企业则无力支付。即使这样，大企业或大农场也会把这些费用平摊到食物价格里，造成有机食品的价格远高于普通食品。在欧美市场上，有机食品的价格一般比普通食品的价格高50%左右，在我国由于有机产业规模小，没有形成规模效应，有机食品的价格是普通食品价格的2～3倍。有机食品的价格高不全是因为商业认证费用高昂，还因为有机食品的生产特点和贮存特点。如生产有机农产品的土地需要几年的修复期，以解决土地因长期使用化肥和农药带来的土壤板结、农药残留超标的问题。一般来讲，普通的土地要想达到有机标准，至少需要3～5年的修复期，也就是说现在开始不使用化肥和农药，3～5年以后土地才可能达到有机标准。这段时间的农作物产量较低，而且不是有机农产品。等土地修复成功后，由于不用农药和化肥，在相当长一段时间里面，产量会有所下降，经过一段时间的经营，产量会稳定提高。有机种植在除草、防虫和杀虫等方面需要大量的人力投入，特别是在有机种植的前期，土地良好的生态系统还没有修复完善，病虫害会很多，这些都会造成有机农产品的价格居高不下。对于加工品来说，要做到有机，在选料、生产、运输、贮存环节都会有更高的要求，也会造成成本高于普通食品。主流食物体系中的绿色产品，是通过商业认证的有机产品。消费者在购买这类产品时，并不知道这些产品是如何生产的、在哪生产的、由谁生产的。现在由于信息技术的发展，消费者可以实现追溯，一扫码就知道前面的生产节点。但这仅仅是数据，并不是消费者的切身体验。对于消费者来说，产品是陌生人生产的，对这种产品的信任是对主流食物体系的生产、认证和监管体系的信任，是一种基于制度的信任，这种信任对环境的要求较高。如果出现有机认证监管不严，由于绿色产品是信任品，很难从外观上、手感等感官接触上加以判断，很容易出现非绿色产品冒充绿色产品出售，赚取高额利润，损害消费者利益的事情。这种现象出现，有其必然性。生产企业有利可图，认证企业也有利可图，产品又很难被消费者直接鉴别，导致生产企业和认证企业都有动机采取机会主义行为。在欧美国家，这类事情也有，但很少见。这缘于它们历经多年的比较成熟的相关法律和监管体系，且一旦出现这种事情，就会极大地影响消费者对认证企业和生产企业的信任，积累到一定程度，会影响消费者对整个主流食物体系绿色产品制度的信任。在这方面，我国有比较惨痛的教训。在 2016 年以前，我国绿色产品没有统一的标准、认证和标识体系，加上监管不严，企业过度逐利，出现了很多企业公开叫卖绿色标识产品，进而被媒体曝光、被相关管理部门查实的现象，导致消费者对绿色标识的信任度下降。

2016 年，国家提出健全绿色市场体系，增加绿色产品供给，是生态文明体制改革的重要组成部分，国家相关部门出台了一系列文件以贯彻和落实。在一定程度上修复了消费者的信任，但仍有不少消费者对绿色标识没有信心，这也是影响我国绿色产品消费和整个产业发展的关键因素之一。这个问题不是我国所独有的，在转型国家，在由传统的熟人社会向现代的陌生人社会转变的过程中，若没有成熟的法律法规和治理体系，大都会存在虚假绿色产品在市场泛滥、“劣币驱逐良币”的逆向选择情况。

以上问题是困扰主流食物体系发展的核心问题，也是当下主流食物体系所面临的困境的主要表现。很容易看出，这些问题在主流食物体系内部的框架内只能缓解，不能从根本上加以解决。

三　替代性食物体系的兴起和演变：以日本和欧美为例

正是主流食物体系的问题在其体系内无法解决，带来了消费领域的空白，时代呼唤新的食物体系能够解决这些问题。从理论上讲，随着市场竞争的加剧，一定会有厂商填补这个空白。从这个意义上来看，替代性食物体系的出现有其必然性。只不过，世界各地的替代性食物体系既有共性，也有个性，呈现多样性的特点。

追根溯源，替代性食物体系最早起源于20世纪60年代的日本、德国、瑞士，80年代出现在美国，后来逐渐在全球各地生长。在发展过程中，替代性食物体系不但解决了主流食物体系以上几个关键问题，还实现了社会重构和社区发展的功能。所以，替代性食物体系由最初的生态环境保护、食品安全、农业可持续发展等问题引发，功能逐渐丰富，扩展到社区和社会领域。

日本在明治维新后很快就实现了工业化。第二次世界大战后，重化工业得到了迅速发展。1953～1956年发生在日本熊本县水俣市的水俣病事件是世界有名的公害事件之一，也是替代性食物体系在日本成长的起点事件。水俣市是一个小市，全市有4万人，周围村庄还住着1万多农民和渔民。水俣市人民安居乐业，渔业很兴旺，人民生活富裕。1925年资本家在此建立日本氮肥公司，1932年又扩建合成醋酸工厂，1949年开始生产氯乙烯。1956年产量超过6000吨，一时间成为该地最大的企业。该公司大量排污，很多居民由于长期食用受含有汞和甲基汞废水污染的鱼、贝而得了水俣病。从1956年查出病因到1968年采取措施，12年间给人民群众造成的危害不是用金钱所能估计出来的，更多的是留在人心中的痛。据不完全统计，水俣病导致了1000余名当地居民死亡，直接受害者群体规模为 1 万余人，死亡人数在患病群体中的比例高达 10%，患病人数占全市总人口的比例将近 25%，造成当地人口规模锐减，付出了极为惨重的生命代价。虽然居民得到了赔偿，但是赔偿金也是一拖再拖，直到 1997 年 5 月，人们才拿到属于原本应该早就得到的赔偿金，该公司在此期间所支付给居民的生活费用、医疗救治费用，以及赔偿金累计为 300 余亿日元。与此同时，日本政府也投入了近 500 亿日元的资金去改善当地的生态环境。这个事件引发了日本社会对食品安全、环境保护的觉醒和重视。当时日本国内农产品市场对农产品进口限制较为严重，农产品进口数量较少，因而农产品进出口数量失衡也进一步影响国内食品供给。当时，市场上对有机农产品并没有统一的品质要求与一致的认证标准，且有机农产品的需求与供给量也不匹配。一些希望为家庭找到安全食品的主妇开始行动起来，通过与农户直接建立联系，从农户手中直接购买有机农产品，并通过拟定产品购买协议、预付款等多种方式，提升农户种植有机果蔬、饲养有机动物的积极性，在日本这种本地化、小规模的社区支持农业（CSA）又被叫作 Teikei，在这一农业发展模式的倡导下，农业生产更加关注其对生态环境以及可持续发展的影响，同时也对绿色有机农业在日本的发展产生了极大的推动作用。这一替代性食物体系模式又被称为 CSA，它之所以最早产生于日本，更多的是由于其特殊的社会背景。自第二次世界大战结束之后，为使日本国内摆脱经济萎靡的状况，国内农户抑或是消费者均纷纷联合起来，形成了很多合作社，如在农业生产方面大部分联合起来成立大量的农业生产合作社，这些合作社均以小农生产为主，同时以消费者为主的合作社也有 2200 多万会员。各种形式的合作经济对二战后日本经济的修复起到了极大的推动作用。当面临极为严重的食品安全问题时，民众为了摆脱危机、食用到绿色有机农产品，开始与农户直接建立交易关系，进而 Teikei 模式逐渐形成并在日本国内得到广泛推广。

日本的社区支持农业在不断发展中，进入 21 世纪后，它的数量有所减少，影响力逐渐衰减。在日本的社区支持农业的发起阶段，于 1971 年发起设立了有机种植协会，并于第四届有机种植大会上提出了促进 Teikei 发展的十项原则，使日本的社区支持农业逐步朝规范化的方向发展。20 世纪 80 年代尤其是在苏联发生核泄漏事件以及无核化社会运动发起之后，有机食品得到民众极大的关注，越来越多的市民逐渐开始购买绿色有机食品，进一步推动了 Teikei 的发展。之后进入 90 年代，Teikei 的发展越来越呈现多样化，其中《土壤与健康》和有机农业协会是其中最为鲜明的代表，并发挥了极为重要的促进作用。进入 21 世纪以来，日本本土的 Teikei 模式逐渐遭遇到发展瓶颈，原有参与会员开始逐年减少，妇女和学生等会员主体数量也开始减少，而一些社会群体如老年人、上班族又很难加入进来，另外品种单一的有机农产品也令消费者开始丧失加入社区的兴趣。与此同时，有机蔬菜市场的兴起，无论是多样化品种选择还是购买便利性都具有极大的优势，很好地解决了 Teikei 模式的不足，消费者甚至仅仅通过网络就能够轻松订购，并经由便捷的物流体系快速运送，同时志愿者也可以自由加入。经过探究 Teikei 模式在日本衰退的缘故，可知并非消费者对绿色有机食品的热度下降，更多的是由内部、外部原因共同作用的结果。

从外部来看，第一，目前社会经济环境已经发生巨大变化，经济全球化速度逐步加快，自 20 世纪 90 年代以来，许多跨国集团和大企业开始涉足绿色有机食品业务，国内有机农产品的生产能力不足，而消费者对农产品的需求大幅提升，商超以及有机蔬菜市场的农产品销量高速增长，消费者更青睐于便捷的购买方式。第二，由于有机农产品标准的制定和实施，许多原有有机农产品种植农场未达到认证标准，极大地影响了农场的发展。《2019 年世界有机农业概况与趋势预测》显示，有机农产品标准设立前，日本大约有 1 万家有机农产品种植农场，标准设立后仅有不到一半的农场通过标准认证获得有机农产品生产资格，这一结果导致原来依赖个人信任存在的 Teikei 模式在严格的行业标准面前显得极为无力。

从内部来看，第一，随着社会经济的快速发展，越来越多的女性开始步入职场承担起更多的工作和生活压力，不再有多余的时间和精力参加 Teikei 的劳动和运作。第二，这一模式的内在弊端逐渐暴露出来。消费者作为 Teikei 模式的主要发起人与受益者，通常为维护农户的利益，需要与农户提前签订合同并向农户支付一定数额的定金，然而，农产品供过于求就会导致消费者与农户之间发生纠纷。第三，Teikei 模式的前提是消费者与农户之间形成一种相互信任与相互尊重的合作关系，但是在农场实际运营过程中，消费者不仅需要到农场进行义务劳动，甚者还需要按照农户的要求进行采摘、分拣以及配送等工作，给消费者带来了极为不好的心理感受。除此之外，在生产过程中也时常出现不少难以解决的问题，例如有机食品种类单一，很难满足消费者的多样化需求；农产品供给过多，往往会造成分配难题；由于农户具有资源优势和种植经验优势，农业生产决策通常由农户主导，消费者基本没有决定权；由于受气候变化、农产品生长周期以及物流运送等的影响，农产品供应往往不具有稳定规律；农场工作的琐碎、繁杂，导致志愿者逐渐厌烦，增加职工数量往往会大幅增加生产成本；有机农产品生产一方面是为了满足消费者对绿色产品的需求，另一方面是为了更好地保护周围的生态环境，生产者对利润的追求也导致两者的认识与价值观产生较大差异，同时也削弱农户与消费者之间的紧密关系。众多内部、外部因素的作用，给日本 Teikei 模式的发展与演化造成了较多的障碍。

为适应新的形势，日本的社区支持农业的组织方式和形态也发生了演变，在 20 世纪 80 年代之后，兴起的市民和农户连接新模式 Sanchoku 不再强调市民参与劳动生产，而是通过农场进行有机生产与将产品直接配送至消费者的方式，更为便捷地服务消费者，协同政府部门发起的地方食品运动 Sanchoku 模式均在不同程度上对原有的 Teikei 模式的缺点进行了弥补。但 Teikei 模式仍然有相当的影响力，截至 2017 年，日本近一半的有机食品仍然是通过 Teikei 模式销售的。

在欧洲，20 世纪 70 年代瑞士成立了农民 - 市民联合组织，类似于日本的 Teikei 模式。1986 年，德国建立了苏黎世附近的第一个为成员提供蔬菜的集体农场——“托柯楠堡”（Topinambour）。20 世纪 90 年代，英国有很多小的有机蔬菜农场，这些农场建立了“盒子计划”（Box Schemes），主要是为预订服务的成员提供常规的箱装产品。1999 年，丹麦西部的巴里特斯考农场建立了 Aarstiderne——一个以网络为基础的有机食品配送服务，为 100 个家庭配送，到 2004 年增加到 44000 个客户。在意大利，人们将 CSA 称为 GAS，并于 1994 年建立了第一个 GAS，1996 年成立了 GAS 的全国性组织，现在已有 600 多家 GAS。葡萄牙把 CSA 叫作 Reciproco，其国内为了让农民与市民建立 CSA 关系，有 52 个乡村行动组织进行协助。法国将 CSA 称为小规模农业协会（AMAP），2001 年建立了第一家有 40 位份额成员的 AMAP 农场；为帮助其他农场形成 AMAP 组织，2001 年 5 月创建了“联合普罗旺斯”（Alliance Provence）；到 2004 年将近有 100 家 AMAP，它们由 6 个地理区域分支构成新的组织，每个区域由一个活跃的消费者和一些有经验的 AMAP 农民组成；2006 年有 300 家农场参与；为了支持 AMAP 的发展，法国现在成立了一个由农民、生态学家、消费者组成的全国性的联盟（Alliance of Peasants-Ecologists-Consumers）（石嫣，2012，2013；程存旺，2018）。

德国的 CSA 得到了政府相关部门在政策层面的支持，2010 年将 CSA 正式命名为“合作农业”，建立了与之相配套的“合作农业网络”，用实际行动支持 CSA 的发展和壮大，在随后短短的两年时间，共有 33 家农场先后申请加入该网络。

法国 CSA 的主要表现形式为 AMAP。仅就普罗旺斯地区来说，2001 年成立了全地区乃至全法国的第一家 AMAP，经过 4 年的发展，AMAP 的数量就有近 100 家。以普罗旺斯为起点，法国的其他地区也相继成立了 AMAP，经过 10 年左右的发展，加入 AMAP 的家庭达到了 5 万户，直接为超过 20 万的消费者提供服务，在一定范围内形成了 AMAP 的独特品牌。

英国土壤协会发起了CSA并推动了CSA在英国的发展。在英国，一些小农场于20世纪90年代就开始实行“盒子计划”，用“盒子”来命名该计划可以说是名副其实，农场主的主要做法是为加入“盒子计划”的会员定期配送用具体盒子装的蔬菜，该计划的主要特点表现为加入“盒子计划”的会员实际上并不承担种植所带来的潜在风险，就像普通消费者一样，只是在收到“蔬菜盒子”后付费而已，可以将其理解为CSA在英国的一种具体简化模式。

20世纪80年代，CSA在美国开始发展，目前已经有5000余家，大约200万户的美国家庭加入。在加入CSA的家庭中，中产阶层的白人家庭所占的份额最大。生活在美国底层的黑人家庭维持生活需求则主要依靠工业化、化学化、低价化食品体系，导致这类人群频发与食品安全高度相关的肥胖和糖尿病等疾病，从而使得在环境不断改善的情况下，美国国民平均预期寿命呈现下降的趋势（石嫣，2012）。美国还出现了社区货币（Community Currency），它与CSA相互配合发展，主要是为了促进本地社区繁荣；出现了诸多相关的非营利组织，在美国纽约州成立的非营利组织“Just Food”是其中的一个代表，自1996年成立以后，它已为累计超过100家的CSA型农场提供直接有效的帮助，为2万多个家庭提供了服务。另外，该组织还陆续支持纽约州的农场学校、社区食物教育以及食物评价等活动。

概括来讲，美国的CSA模式根据发起对象的不同可以分为三种模式。第一种是消费者发起的CSA，主要表现是有意向的消费者自发地组织一个联盟组织，去寻找愿意为该联盟提供服务的农场，采纳这种模式的数量占比大约为20%；第二种是由农场主发起的CSA，消费者可以通过选择其中的一个或多个，自主加入成为会员，接受农场主提供的服务，采纳该类模式的数量比较多，是最常见的一种模式；第三种是农场和消费者共同发起成立的CSA，两者之间紧密联系，消费者可以成为农场的股东，共同经营农场，共担风险。

在世界范围内，社区支持农业也广泛兴起，由于各国的农业形态不同，即使它们的核心理念和兴起的背景相似，其模式也有所区分。按照本身的农业形态可以分为三种：①前殖民地国家，以美国、加拿大、澳大利亚等为代表，特点是以规模化、产业化农业为主的大型农场；②以欧盟国家为代表，实行农业资本与农业生态化相结合；③东亚的传统小农经济国家，如日本、韩国等，以农户经济为特点，在国家战略目标的指引下进行发展。

替代性食物体系的另一个重要表现形态是农夫市集。现代意义下的农夫市集出现在20世纪50年代，在欧美、日本兴起，它是以农业生产者自产自销为特色的零售市场，其中有机农产品占了相当比重。在欧美，农夫市集一出现就受到了消费者的喜爱，一直呈现增长势头。以美国为例，1970年农夫市集的数量是342个，2000年增长到2863个，2013年增长到8100个。[①] 不同国家、不同时期对农夫市集的定义不完全一样，但农场主与消费者面对面销售自家农产品是构成农夫市集的本质规定。

据Sustainable Table统计，越来越多的消费者开始关注食物生产背后的环保、健康和社会影响话题，因此有机食品的消费量年均增长15%左右。一些区域的小型农场反而在这场趋势中获利更多。相比大型农场，小型农场在土地和农业设备方面的成本更低，因此投资回报率更高。而在有机食品市场获利的主要原因还是市场需求量大。而且农夫市集这种最简单的自助社区经济形式为美国经济创造了可观的就业岗位。2015年Bloomberg统计发现美国自主经营者共创造了37万个就业岗位，其中的农业就业人口占比达81%。

农夫市集为社区经济带来了重要的推动作用。农夫市集直接推动地区经济的发展，在传统的超市食品售卖等形式中，很大一部分利润会随着供应链流转到其他地区。据统计，农夫市集等社区经济中的经营者为

① 数据来源于美国农业部。

地区经济带来的价值是其销售额的近 3 倍，他们的雇员人数是非地区供应商的 5 倍。而且通过农夫市集出售的食品大多是有机和天然的，在种植期间采用的是自然的农业耕作方式，生产成本较低，有利于环保。低收入家庭在农夫市集采购时还可以使用食品救济券，2014 年美国发放了总价值达 1880 万美元的农夫市集食品救济券。农夫市集中所提供的蔬果食品天然、无污染，对低收入家庭人群的健康非常有利，而且能够降低低收入者的肥胖率。

除此之外，农夫市集在推动农业可持续发展过程中的作用自不用讲，它还可以大幅减少食物的流通环节。据农夫市集联盟（Farmers Market Coalition）称，“传统工业生产”食物的流通距离是农夫市集出售食物流通距离的 27 倍。其中 81% 的农夫采用的耕作方式，如就地堆肥等，可以降低浪费，增进土壤本身的健康，而且 3/4 的农夫采用符合有机食品生产的耕作方式。[①] 而工业化的农作物种植会降低农作物的营养成分，《科学美国人》杂志的两位作者 Roddy Scheer 和 Doug Moss 撰文称，“消费者如果希望享用到最新鲜、最具营养的蔬菜和水果，就应该从居住地附近的农夫市集中购买”。

与主流食物体系相比，农夫市集具有以下核心特征：一是道德经济，是指其区别于市场经济，该市集追求食物正义、环境公正；二是社区共享，是指在生产者、消费者和原住民等所有利益相关者和谐共处的关系上，实现农夫市集的运作；三是自我保护和扬弃，是指在全球食物体系的威胁下，农夫市集凸显了当地小农的自我保护策略，其中有很多的伦理学素养，这与市场经济的供需关系不同；四是就近关系，是指农夫市集重视自然法则和社会内涵，重点关注当地、当季的农产品；五是自然标度，是指农夫市集希望天人合一，找到人类最初的本性，这点不同于

① 《农夫市集在美国经济中扮演的重要角色》，2020 年 7 月 8 日，https://www.it610.com/article/1280764722563530752.htm。

市场经济中人们对地球资源无止境的贪婪欲。

四　替代性食物体系在中国的兴起与发展

与西方发达国家的替代性食物体系的起源是城市居民主动自救、寻找绿色产品生产者、与生产者联合有所不同，中国的替代性食物体系的起源有特殊的力量，即有志于乡村建设的知识分子，以及他们培养和带动的返乡知识青年。这是现有研究文献所忽略的一个重要方面。这里面杰出的代表有温铁军、何慧丽、石嫣、程存旺等。

相比于国外，中国的社区支持农业兴起较晚。2005 年有了社区支持农业发展的初始形态，是一些民间组织探索的城乡联合，即在城乡之间形成的互助形式。何慧丽在河南兰考于 2006 年开始的"购米包地"尝试了收益共享、风险共担的理念，让有机大米的生产者与消费者直接对接。2008 年，温铁军带着他的团队在北京创建了国内第一个按社区支持农业模式运作的农场——小毛驴市民农园。其采用的是会员制的模式，加入小毛驴市民农园会员的消费者会被要求在每个季节开始的时候，提前缴纳一定数额的菜钱，然后农场定期（时间周期一般为一周）为会员配送生产的新鲜蔬菜。再往后，农场也提供了包地的服务，把土地分成了小片，每个家庭或客户可以包一块地，既可以自己每周来打理，也可以付费请农场来打理，地里的收成归自己。星星之火，可以燎原。温铁军教授的团队长期致力于研究"三农"问题和乡村建设。作为一个基地，小毛驴市民农园每年都招收大量的实习生，使之参与到农场的生产、科研、对外交流和培训当中，这些实习生相当一部分是在校或刚毕业的大学生，有志于从事"三农"和乡村建设工作。这些实习生返乡之后，成为当地生态农业的引领者。就是这些高学历的返乡青年促成了中国社区支持农业在各地开花和结果。在全国 31 个省区市陆续都有社区支持农业模式的农场建成和运营。

由于各地情况差异大，我国各地的社区支持农业模式有所不同。根据不同的划分标准，形成各种分类。其中，根据不同的发起人身份，可以将之划分为市民合伙组织、小农合作社、产学研合作模式、NGOs（非政府组织）、农户主导等模式。另外，上海青蓝耕读、北京天福园农庄、厦门土芭芭、重庆合初人等是市民合伙组织模式的主要代表。其核心特征是：与农民建立直接联系，长期租用农民土地，会员主要是当地的城市居民，居民可以参与到生产过程当中。目前，全国绝大多数社区支持农业的农场属于这类，这类农场分布在一、二线经济发达的特大城市和大城市。其优点在于：会员不参与或少参与具体的生产劳动过程，雇用农民进行生产，农民获得工资报酬，没有动力为欺骗会员而使用农药、化肥等，可以保证绿色产品的质量。其缺点在于：只能租用而不能长期拥有土地，加上雇工的原因，运营成本较高，抵御市场波动风险的能力较差。以国仁绿色联盟、山东济南我家菜园、河南兰考南马庄等为主要代表的小农合作社模式，也是我国当前数量较多的一种类型。其核心特征是：合作社由多个认同社区支持农业理念的小农户组成，不同的农产品生产由不同的小农户负责，是否按绿色标准进行生产由小农户之间相互监督。其优点在于：发起人本身是农民，自己拥有土地，熟悉农业生产，有利于节省大量的运营成本、监督成本，生产的积极性非常高。其缺点在于：习惯了化肥、农药的机械化耕作方式，大多数不具备有机种植技术，导致偷偷用化肥、农药的动机比较强，有可能出现集体的机会主义风险。以北京的小毛驴市民农园、常州大水牛市民农园为主要代表的产学研合作模式。其核心特征是：不单纯是生产农场，也是产学研基地。它们借助当地政府的支持和高校的社会资源，通过媒体、培训教育、会议等推广形成广泛的社会影响，从而吸纳消费者入会，也比较容易赢得市民的信任和支持。北京市海淀区人民政府和中国人民大学农业与农村发展学院共建的产学研基地——小毛驴市民农园是全国社区支持农业项目的“领头羊”和“孵化器”，具有科研试验性质，于2008年创立了“生态农业实习生项目”，先后发起、参与了包括河南归朴农园、广东沃土工坊、常州大水牛市民农园等多个社区支持农业项目，在全国的影响深远。该种模式的优势在于，实施者有坚定的信念和先进的理念，并且运用先进理念较为容易，从而产生示范效应。其劣势在于：受地域限制比较严重，生产品种单一，且在小范围内试验，不利于自身扩大发展。还有以香港社区伙伴组织、北京国仁城乡合作中心、上海生耕农社等为代表的NGOs模式，该模式一般是由非政府组织发起且带有公益性质的社区支持农业辅助服务机构，会为社区支持农业的项目提供技术或资金支持，以带动和鼓励社区支持农业模式的发展（周飞跃等，2018）。目前，完全由NGOs直接发起且操作的社区支持农业的案例不多见。其优势在于：有利于推广行业先进经验，推动行业联合。其劣势在于：经验和资源有限，主要发挥辅助功能。农户主导模式的主要代表有环水田野农场等。其核心特征是：由单个农户发起，承诺进行绿色生产，自行寻找消费者。其优势在于：农户的生产积极性很高。其劣势在于：生产往往以家庭为单位开展，规模受限，其有限的人力还要分散于生产、物流、营销等多个方面；对绿色生产技术学习进步的速度较慢，缺乏运营需要的其他资源。

我国的绿色生产农户规模小且非常分散，绿色消费者组织又小，从供给侧和需求侧来看，力量都比较分散。和美国不同，中国没有大农场，也没有出现大农场主导社区支持农业发展的状况。和日本不同的是，中国没有规模大、组织力强的市民组织，也没有出现由稳定的消费者团体代表主导的社区支持农业发展状况。我国的社区支持农业的合作平台处于探索阶段。中国社区主要用合作机制来支持农业生产主体和消费主体的对接。中国的农户与城市居民或与陌生人接触有较强的心理防备，加上不太清楚社区支持农业的核心理念，使得在社区支持农业中农户和消费者刚开始建立合约的时候就存在各种信任问题。总体来说，中国的社区支持农业还处于发展的初期阶段，走向稳定、良性的发展还有一段路要走。

农夫市集在中国兴起于2010年，从2015年起开始走下坡路。早期的农夫市集是志愿者联合都市周边的中小生态农户共同组建的。规模和影响力均比较大的是北京有机农夫市集和上海农好农夫市集，这两个农夫市集的火爆很快带动了一批农夫市集的兴起。北京、上海、广州、深圳、杭州、南京、成都、大连、济南、郑州、兰州、合肥、西安等地纷纷办起了本地的农夫市集。

农夫市集的组织形式也从早期的志愿者形式演变成非营利组织、NGOs以及社会企业等多种形式。农夫市集通常是周末在都市的一些商业广场或大型社区举行。农夫市集的摊位以各个农户为单位，有初级农产品、加工农产品、传统农艺等。除了摆摊售卖，市集还有现场活动和讲座。一些农夫市集也提供电商宅配送服务，市集不举行的时候也可以把生鲜食材配送到客户家里。然而，各地的农夫市集在2012年开始火爆一两年之后，逐步走下坡路。从2015年开始，大部分的农夫市集停办并销声匿迹了。农夫市集停办并销声匿迹的原因有以下几个。

（1）有效需求不足。与西方发达国家农夫市集广泛分布于大中小城市有所不同，我国的农夫市集集中分布在特大城市和大城市。主要是中小城市的中等收入群体的收入，特别是消费观念支撑不了农夫市集的基本运行。相对来说，大城市的中等收入群体的数量足够大，消费观念也比较新，可以支撑农夫市集的基本运行。从实践情况来看，大多数消费者只是好奇，由于信任的缺失，加上没有商业认证和PGS认证的辅助，消费者不愿意为不知真假的绿色产品支付较高的价格。从需求侧来看，农夫市集支撑不下去的原因是有效需求不足。最初不少消费者抱着“试一试”的态度去购买高于普通产品3~5倍价格的绿色产品，对于这种基于简单的人际信任的绿色产品交易，没有商业有机认证，若没有参与式保障体系的组织，组织者对生产者加入的审查困难，很容易引发信任危机，使本就脆弱的消费者信任崩溃，本来就不充分的有效需求下跌，这样就支撑不了一个正常运行的农夫市集。

（2）有效供给不足。化肥、杀虫剂、抗生素、添加剂等的广泛、大量和长时间的使用，使得现在的农户不使用它们就不会种农作物，不会养殖，不能做出美味的食物。真正采用绿色有机方式进行种植的农户非常少，能采用这种方式种植，还能保持食物的品相或味道的就更少了。

（3）组织管理水平有待提高。农夫市集是一个交易交流平台，是典型的双边市场。双边市场的培育需要组织方的精心安排。双边市场的一个重要特点是，需求方与供给方相互依赖，供给方越多，提供的产品质量越高、品种越丰富、价格越低，就会吸引来越多的需求方，带动该市场的良性循环；反之，则容易陷入恶性循环，供给方越少，提供的产品质量越低、品种越单一、价格越高，需求方就越少，市场陷入萎缩甚至消失。或者是，需求方越多，需求越旺盛，就会吸引越多的供给方进入市场，供给方之间展开适度竞争，会提升产品质量，丰富产品的品种。如前所述，我国的农夫市集在成立之初是由志愿者自发组织的，没有专门的管理团队，这种完全依靠志愿者开展的市场交易游走于法律监管的灰色地带，从一开始就暴露出以下弱点：对生产者把关和监管不专业；对商业化运作手段不熟悉；对农夫市集运营的可持续动力不足；农夫市集的成功与否高度依赖带头人。

（4）配套制度不健全。农夫市集的可持续运营高度依赖信任制度的建立和维系。在创建之初，依靠宣传、带头人的个人信誉，可以维持基本的信任。在后期的运作当中，就需要消费者深入了解生产者的生产过程，促进消费者和生产者之间的互动，或者由当地的 PGS 机构进行认证，才能维持这种信任关系，使农夫市集的交易能够持续。但我国各地区的 PGS 系统一直没有完善，在农夫市集的后续经营中，信任关系不稳定严重影响了农夫市集的正常运营。从我国农夫市集的发展来看，在大多数大城市和中小城市，包括生产者和消费者在内的市场的大发展条件还不成熟，还需要一段时间的培育和规范。

五 替代性食物体系兴起和演化的理论解释

如前所述，替代性食物体系的兴起和演化在不同国家有大致相同的脉络，但也有不少差异，甚至有些地方的差异还比较大。为什么在有相似脉络的同时，也有不少差异？这需要从理论上进行解释。进行理论解释的意义在于，为替代性食物体系提供一个理论框架，用一个统一的框架解释各种现象和问题可为以后的发展提供分析的工具和思路。

（一）替代性食物体系的兴起

从演化经济学的视角看，替代性食物体系的发展降低了成本。在不完全相同的环境下，它有丰富的表现形式，呈现多样性，需要从约束环境与生产者的异质性两个方面来分析并解释这种多样性。

1. 约束环境

（1）消费者绿色偏好的差异。实证研究表明，由于受历史、文化等因素的影响，一个国家或地区在不同的经济发展阶段，不同的国家或地区在类似的经济发展阶段，其消费者绿色偏好的差异较大。例如，在我国大城市和特大城市的中等收入群体消费者的绿色偏好强于中小城市和农村地区的消费者。这种差异会直接影响消费者愿意支付的绿色溢价的大小，也会直接影响当地潜在绿色产品市场的规模。例如，如果某个地区早点开展绿色消费运动和绿色教育，早点丰富消费者的绿色产品知识，该地的社区支持农业和农夫市集的出现就会较早，发展相对就会比较顺利。若消费者的绿色偏好普遍较强，且偏好间还有明显的分类，则社区支持农业和农夫市集还会有多样性的呈现方式。绿色偏好较弱的地区，替代性食物体系出现较晚，发展的速度也较慢。例如，社区支持农业的本质要求风险共担、收益共享。在我国实施的时候，绝大多数消费者可以接受绿色产品，但接受不了风险共担的合约，导致社区支持农业在我国的形式与在欧美的形式有些不同，以适应当地消费者的需要。

（2）绿色生产技术的差别。由于受目前的技术水平、关税、产业结构等因素的影响，一个国家或地区在不同的经济发展阶段，不同的国家或地区在类似的经济发展阶段，绿色生产技术水平的高低和成本会有较大的差异。因为在进行绿色产品生产的过程中，绿色生产技术会直接影响其成本和收益，从而会影响生产者是否选择绿色生产技术，或者选择哪种绿色生产技术，进而对替代性食物体系产生重要影响。例如，大规模的有机蔬菜种植在美国比较常见，规模经济降低了成本，与普通蔬菜相比，成本仅高了30%～50%。而在中国，小规模的有机蔬菜种植没有达到规模经济，与普通蔬菜相比，成本高了2～3倍，售价也就随之提高。这种情况就会影响替代性食物体系在中国的成长，无论是社区支持农业还是农夫市集，都不是在中小城市成长的，都是在大城市甚至特大城市生长的，一个重要的原因就是成本高，中小城市的消费者群体难以支付。

（3）监管环境的差异。在一些新兴的市场经济国家，绿色产品市场的交易既缺乏有效的法律法规，亦缺乏治理队伍，甚至处于无监管的状况。在比较发达和成熟的市场经济国家，绿色产品市场的监管比较严格，消费者对绿色产品、绿色标识的信任度较高，形成了一种制度信任。监管环境的差异会影响替代性食物体系的发展。例如，在我国一些社区支持农业的农场，消费者要求在田间安装摄像头，以便随时了解生产状况，若生产者在生产过程中使用化肥、杀虫剂等，消费者可以及时发现。在欧美没有这种形式。有这种差别的根本原因还在于，在我国对绿色产品的制度信任没有建立起来。

（4）支撑体系的差异。一般来说，替代性食物体系的健康发展，需要PGS的支撑。若PGS建立起来，正常发挥作用，无论是社区支持农业还是农夫市集都能发展得比较顺利，且采用的组织形式是低成本的。反之，社区支持农业和农夫市集的发展就比较困难，并且采用的组织形式是高成本的。例如，我国一直没有建立良好的 PGS，没有对替代性食物体系形成支撑。消费者对社区支持农业和农夫市集中的绿色产品还是将信将疑，出现了一些消费者要求农场安装摄像头、很多消费者在购买时犹豫不决、一些潜在的绿色消费需求没有转化为实际购买力的现象。

2. 生产者的异质性

（1）生产者的资源。不同的生产者有不尽相同的内外部资源。生产者在经营过程当中会综合考虑这些资源，结合外界环境进行经营选择。在外部环境相同或相似的情况下，企业不同的内部资源和经验是体现异质性特征的重要基础。在相同的外部环境下，各企业也会有不同的行为选择和经营选择，这决定了各企业具有不同的生存发展空间、竞争优势及竞争力。例如小毛驴市民农园，它是我国最早的社区支持农业农场。它的发起人有非常高的社会声望，也获得了当地政府的支持，所以其在选地、土壤改良等方面的自有资金投入很少，在经营过程中采取的风险共担的形式也为消费者所接受，农场没有安装摄像头等监控设施，其在淘宝网上开的网店也销售良好。农场常年招收实习生，经常组织培训班和学术交流活动，是一个集生产、学术交流、社会实践等于一体的多功能综合体。但大多数社区支持农业的农场没有这些资源，就没有办法采取这样的经营方式。

（2）生产者的规模。一般来说，环境管制及社会往往会更关注规模大的或社会名气大的生产者，在政府、社会、公益性 NGOs、消费者等监督下，也会激励其进行绿色生产技术创新。

（3）生产者的个人风格。替代性食物体系的生产者主要是中小农户。中小农户的规模小，生产经营决策主要取决于生产者本人的风格。例如，如果生产者热衷于社会公益事业，那么他会在经营过程中做一些与经营无直接关联的事宜，如组织或热心参与 PGS 的构建与运行。如果在一个区域中，这类生产者的数量比较大，PGS 就很容易构建与运行起来；反之，该区域的 PGS 就很难构建与运行。又比如，如果生产者坚持社区支持农业的风险共担理念，不因消费者的不认同就放弃，那么他所经营的社区支持农业就会体现风险共担的特点等。

（二）替代性食物体系的演化：历时的视角

替代性食物体系兴起后，便在世界范围内扩散，其在相同国家和地区的不同历史阶段的表现形态各不相同。所以我们就需要纵向地研究其演化过程，深入分析这种经济现象。

1. 演化路径

从两条路径分析替代性食物体系的演化过程。

第一条路径是在迎合消费者偏好的同时，不放弃其核心理念和做法。替代性食物体系对环境保护、生产与流通环节的要求是比较严格的，它的出发点是在农业生产和消费中保护人类的生态系统，生产出绿色的产品只是其核心功能而不是全部功能。但绿色消费者的群体是分类分层的，相当一部分消费者的期望仅仅是获得真正的、价格合适的绿色产品，对与生产者共同承担风险不理解、不接受。这导致社区支持农业在某些国家和地区的发展中逐步演变为由农户承担全部风险，消费者出钱预订一定量的食物即可的模式。另外，农夫市集在出现之初，食品基本是绿色、有机且是自产自销的，但随着具有异质性的消费者的加入，也有一些消费者希望购买不是自产自销的、品种较多的食品，或不是绿色、有机的，但比较新鲜的食品。农夫市集在演化过程中，非自产自销的、非绿色或有机的食品逐渐多了起来。但无论怎么演化，社区支持农业的绿色生产理念和做法，农夫市集的绿色或有机食品以自产自销为主体的理念和做法，没有发生改变。

第二条路径是在食物之外整合了很多文化和社会因素，和其他产业存在交叉和融合。替代性食物体系可视为生产者和消费者面对食品安全和环境危机时的一种自救行为和经济组织，其创始之初的核心是食物和环境保护，主要是经济因素和环境因素。在演化过程中逐渐整合了很多其他因素，如文化和社会因素，并因此从单纯的第一产业走向与第二、第三产业融合的趋势。例如，农夫市集最初是附近的农户将自己生产的食物拿来销售。在运行的过程中，越来越多的消费者希望参与到食物的制作过程中来。于是，一些农户就将原料拿到市集，现场展示生产过程，并邀请消费者参与，受到了不少消费者的欢迎，也带动了其食物的销售。又比如，社区支持农业的农场在组织消费者参观、参与生产或采摘的过程中，也会发现一些新的消费点，从而在农场举行相关的餐饮、娱乐项目，实现了农业和第二、第三产业的融合。

2. 理论解释：协同演化

替代性食物体系形态的演化反映了生产者、政府、公益性社会组织、绿色消费者四个子系统之间的相互反馈、相互影响的关系，是一个协同演化的过程。另外，替代性食物体系形态的演化是生产者和消费者主导协同演化的过程，在类型上与共同主导型协同演化的特点相符。最初，由于消费者觉察到食品安全的危险，觉察到生态环境的危机对自己正在产生和将要产生不良影响，他们主动找生产者，于是形成了替代性食物体系最初的形态。生产者在相互学习、相互竞争（包括与主流食物体系中的绿色生产者竞争）的过程中，不断发生演化，形成了替代性食物体系的供给侧；与此同时，消费者也在相互学习、相互竞争，在选择中、在变化的外部环境中发生演化，形成了替代性食物体系的需求侧。需求侧对生产者产生约束和影响，催生生产者的演变；供给侧也会对消费者产生约束和影响，催生消费者的演变。政府的规制和引导主要是为这个演化过程提供外部条件和外部环境，会改变这个演化过程中生产者和消费者的决策成本，间接影响演化方向和过程，是外部因素。公益性社会组织会在这个演化过程中扮演催化剂的作用，做一些政府不好做、不能做、做不好的事，推动该系统的发展，也属于外部因素。

分析替代性食物体系演化的动力机制，可以将政府、公益性社会组织和消费者看作环境，将生产者看作组织。其有两个动力机制：理念选择和利润选择。在绿色消费趋势和相对宽松的监管环境下，不同的生产者为适应外部环境，选择了不尽相同的经营方式，有些还获得了可观的收益。也有一些生产者在保证生存的前提下，坚持一些理念不动摇，使替代性食物体系呈现多样化的表现形态。

在替代性食物体系的协同演化过程中，发挥作用的有学习机制、互动机制以及变异与选择机制。生产者在适应绿色消费这一新的环境并根据环境不断调整经营方式的同时，政府、公益性社会组织和消费者也会对其进行监督和约束，从而使得替代性食物体系的表现形式不断演化。替代性食物体系新的经营方式在生产者的模仿和互动中逐步向行业间扩散，当替代性食物体系的形态随着外界环境的变化而发生变化后，又会迅速扩散新的经营方式。

第三章　中国替代性食物体系的特征与运行

20世纪50年代之后，传统的食物体系发生了巨大变化，进而产生了种种生态环境与社会问题，表现在土壤和水资源污染、自然资源再生性能力退化、小农生产者逐渐边缘化、食品安全事件频繁发生、过度加工食品有损健康等方面（Busch and Bain，2004）。日本、德国、瑞士等国家率先于20世纪60年代发起一系列反抗农业工业化的食品运动，替代性食物体系应运而生，旨在创建崭新的食品生产、加工、流通和消费结构，重新构建消费者与生产者之间的关系，为上述问题提供一套合理的解决方案（叶敬忠，2015）。替代性食物体系的实践性形式具有多样性，具体包括如下几种类型：社区支持农业、食品短链、巢状市场、农消对接、农夫市集等（Si et al.，2015）。

替代性食物体系最早起源于日本、德国与瑞士，随后在美国和欧洲呈现蓬勃的发展趋势，成为农业研究领域的关注焦点，现在对替代性食物体系的实践和推广俨然成为国内农业发展的热门话题。相比于西方发达国家，中国人口众多、人均资源占有量不足、环境污染情况相当严峻，这些情况极大地制约了我国粮食生产和食品加工的可持续发展。与此同时，农业生产中通过大量使用农药、化肥来提高产量，食品加工中通过使用劣质原料缩减成本，依靠添加剂和非自然成分改善口味与外观，皆造成了严重的食品安全问题，带来了经济、社会多层面的消极影响（叶敬忠，2015）。为了改变这一情况，一方面，生产者与消费者分别自发形成了以各自为主导的绿色农业生产与消费模式，如广西爱农会土生良品餐厅；另一方面，部分学者、公益组织等外部主体也纷纷对替代性食物体系这一理念进行研究和开展实践活动，如中国人民大学农业与农村发展学院推动的 CSA 模式、公益组织“社区伙伴”倡导的生态农耕项目和中国农业大学人文与发展学院在河北农村推行的巢状市场模式。上述对替代性食物体系理念的实践活动受到了社会各界的极大关注，并进一步推动了替代性食物体系在国内的实践与发展。

随着替代性食物体系在我国的不断发展，学者们也从多个维度对其进行了一系列研究，研究角度多集中于替代性食物体系的产生背景、理念、实践过程及效果等（屈学书、矫丽会，2013；付会洋、叶敬忠，2015）。鉴于替代性食物体系在国内的实践与发展刚刚起步，对它的研究还相对较少，然而学者们分别从不同的研究视角、使用不同的学术概念阐述替代性食物体系的效用、实践与演化，进一步丰富了替代性食物体系领域的研究主题，建立了一个议题广泛的讨论平台。通过对已有相关文献的梳理，本部分将系统阐述替代性食物体系研究的相关概念，厘清替代性食物体系在我国的演化历程，深入分析各个参与主体在替代性食物体系中彼此之间的关系及各自所发挥的作用，以实现对替代性食物体系在我国的发展演化历程有一个清晰完整的理解，并为接下来的研究探寻新的突破点与方向。

一　社区支持农业

社区支持农业不仅是替代性食物体系中最为重要的实践发展模式，同时也是国内受关注、讨论最多的一种替代性食物体系模式（陆继霞，2016）。现有研究中，沈旭（2006）较早把社区支持农业的概念引入国内，着重讲了国外 CSA 的实践发展过程，以及实施方法和特点，并且认同社区支持农业能够对各地的农业生产与食品加工形成有力的支持和保障，为消费者提供绿色产品，为社区农场提供成长空间，降低农业对生态环境的损害，进一步妥善处理我国社会面临的食品安全隐患问题和农业发展不可持续等问题。

在国内，普遍认为2008年成立的小毛驴市民农园是社区支持农业理念最早的践行案例，它是由中国人民大学农业与农村发展学院和北京市海淀区人民政府共同建设成立的产学研基地。自2010年起，在小毛驴市民农园与中国人民大学乡村建设中心等组织团体的共同努力下，第一届全国社区支持农业大会成功举办，截至2015年大会已经连续举办七次，吸引了来自各界人士的广泛参与，其中不乏来自政府领域、实践领域、研究领域的人士参加。中国人民大学农业与农村发展学院的相关项目与活动不但促进了CSA模式在国内大范围的快速推广，小毛驴市民农园等实践成果也为社区支持农业模式提供了重要案例（Chen，2013；Shi et al. ,2011；陈卫平，2015b；程存旺等，2011）。

对于社区支持农业仅从表面上理解，社区指生活于特定的共同区域之中，在共同纽带中形成了认同意识与相同价值（肖芬蓉，2011）。有学者认为CSA研究视角特别强调社区，主要原因是重视替代性食物体系构建过程中微观社会单位的功效。一方面是具有实际运行功能的生产者共同体和消费者群体；另一方面是价值上的象征性群体，不可避免地让人想到能够依托共同行动找到某种可能方式，压缩过度耗能与污染的食品产业链（潘家恩、杜洁，2012）。在中国人民大学农业与农村发展学院研究与实践过程中，CSA被认为是社区发展与乡村建设的关键构成要素，它发展出了依托绿色农业、市民与农民公平买卖推动社区的经济、生态、社会的持续健康发展新路径（Si and Scott，2015），部分学者也特别关注消费者社区的构建与发展（帅满，2013）。

（一）社区支持农业在本土的发展状况及特征分析

1. 社区支持农业在本土的行动表现

社区支持农业在我国从无到有，关于它是如何一步步发展起来的，鞠海鹰（2009）在其硕士学位论文的分析中，认为我国的CSA模式的雏形可以追溯至21世纪初，于2005年在广西壮族自治区柳州市成立的

“土生良品展览馆”，该展览馆在2006年得到了外部基金会的资助，具体情况是，位于香港的嘉道理慈善基金会，开始遵从社区支持农业的形式对“土生良品展览馆”予以资金资助，此举为真正践行社区支持农业理念的开端；与南方的“土生良品展览馆”相呼应，在位于河北省定州市翟城村成立的“晏阳初乡村建设学院”也于2016年得到了外部基金会的资助，该学院所开展的培训项目中涉及社区支持农业的相关知识，学员们在实践中进行了具体的应用。2008年，中国人民大学农业与农村发展学院用实际行动支持了社区农业的发展，与北京市海淀区人民政府共同创办了小毛驴市民农园，这一新型模式的农场在CSA理念的宣传、技术开发、平台构建、引导社会公众参与项目等方面做了较多的工作，取得了一定的成绩，发挥了出色的示范引领作用，在其直接或间接的帮助和带动下各地社区支持农业型农场如同雨后春笋般先后成立。从此之后，CSA的经营理念与运营模式在中国得到快速实践与发展。

2. 作为行动主体的中等收入群体

中等收入阶层的快速崛起是支持CSA在国内流行的条件，这些人在环境污染愈加突出、食品健康问题频发的情形之下通过在国内践行CSA的生产消费模式，来表达一种契合自身利益的社会多元化治理诉求与对确保食品健康、缓和修复人与土地之间关系等的直接与间接利益诉求。在CSA发展初期，以农村和城市中等收入水平家庭发起成立的居多，比如圣林生态农庄、德润屋生态农场、北京天福园农庄等，其客户群体亦多集中于中等收入群体。

CSA的发起者或生产者绝大多数是中等收入群体，与传统农业从业者相比，前者拥有较多社会资本与经济资本优势，能够得到足够多的资本和社会支持，并将其全部用于CSA这一新兴的农业生产过程当中。CSA的消费者群体的经济基础与发起者或生产者的基本相同，他们处于中等收入的位置，在同一水平上，生活理念基本相似，这在一定程度上促成了生产者和消费者在CSA生产、消费上能够达成共识。由此共同构成了CSA的特殊性，并且凭借更高的利益诉求（如交易公平、环境保护等）以及相似的食品生产观与消费观维持着这一特殊性。与此同时，依托独特的物流体系（如农夫市集、配送）以及独特的沟通交流模式（直接购买）来巩固和强化这一特殊性。

3. 作为一种“应对”的后现代行动

随着经济全球化的发展，后现代主义在西方社会产生后，迅速通过全球化的合作等方式，对处于第二、第三世界的诸多国家产生了越来越多的影响，发挥了越来越大的作用，CSA就是在此影响之下在国内产生的一种对主流食物体系种种后果的某种应对。CSA从特殊农产品的生产出发，以独特的产品和服务为中心，依托特殊的生产者生产出这些独特的农产品（叶敬忠、王雯，2011）。正是在后现代的语境中与情境下构造出了这一特殊性，而且这种特殊性即为一种在行动与理念现代化下的全面对抗。异于普通意义上的抗争，它是依托一种超越性的理念与开拓性的行为来对抗。在CSA的“应对”框架下，与现代农业生产方式的单一化、化学化、机械化不同，有机农业的生产方式更关注人和自然的互动共生，更有利于维护土地的肥沃，保护生态环境。吴天龙和刘同山（2014）认为，直接购买这种交易方式在以“熟人”社会为基础的市场经济中发挥着独特的作用，它能够解决市场经济中消费者与生产者间的信任危机问题，促使消费者对食物更为放心，生产者的收入更能得到保障。CSA的目的主要在于为社区居民提供绿色健康食品，与此同时，实施CSA还能够对社区或乡村地区产生附加的价值。例如，该项目的实施能够激发当地的生产活力，提升居民的生活水平，进而提高经济发展水平，甚至是文化发展水平，具有多重功效，对于解决目前“乡村振兴”战略实施中所遇到的部分问题，是一个很好的突破口。

（二）社区支持农业发展面临的现代困境

现代化的生产理念、工业化的生产方式和农业化的生产方式在一定程度上存在竞争的关系，当前者随着新技术、新方法具体应用时，会对后者的发展空间形成挤占。正是在这样的背景下，CSA 成为农业发展的自我突破之举，是农业生产领域的一种开拓性行为。这种开拓性行为在探索发展之初需要面对如人才、市场、资源和管理等一系列的问题。

CSA 型农场的发展和生态环境之间关系紧密，两者间存在双向互动关系。金融资本的支持是 CSA 型农场发展不可或缺的要素，然而二者间是一种松散的特殊关系。为什么说是一种松散的特殊关系呢？主要原因在于，一方面，CSA 型农场的发起者或直接建造者能够依据自身所拥有资本数量的多少来决定投入多少资金在该项目上，可以暂时不用考虑银行借款所带来的还本付息压力等，具有相对的独立性；另一方面，CSA 型农场要想获得发展，在长期就需要各个方面的支持，尤其是需要资本的支持，甚至可以说是一种对资本的依赖，这种依赖同对大自然的依赖相似，是一种单向而不是双向的依赖，两者之间不具有互动的关系，这种内在的属性决定了社区农业在市场、人才、土地、管理等方面容易同经济发展产生分歧，促使 CSA 型农场的发展与实践面对制度上与理念上的困境。

1. 管理困境

CSA 型农场的日常经营管理和现代化企业管理存在差异，它没有任何垂直机构，其管理模式也是一种从上到下的方式，表现出一种发散式的状态。在生产管理中，它更倾向于一种直接口头上的交代安排；在人力管理上，它则通过面对面进行家长式沟通。尽管每个工人都拥有一个相对固定的工作岗位，但是日常的安排仍然具有临时性与偶然性的特点。从经营者的角度来看这种临时性与偶然性是深思熟虑后的合理安排，然而从劳动者的角度看来却具有很大的随意性。人们在经历过现代化企业管理方式的影响后，大部分不能容忍这种管理模式，进而在 CSA 型农场中经历过高等教育的劳动者可能比未受过高等教育的普通劳动者表现得更不能容忍此种管理模式。这一发散式的管理模式与农业生产自身的特征有关，除相对规律的季节性农作物的耕种之外，日常的工作都较为琐碎。此种农业生产的琐碎性促使其在很多方面不具有可控性，也不可能完全遵循现代化企业的管理模式。在现代化企业的管理模式中，劳动者和工作职能都已经过改造，促使二者能够较好结合；工作时间、内容、方法与流程等都较为固定，被培训与接受教育后的劳动者能够很快适应这种流程化的工作安排，并且会产生较强的依赖性，信奉这种管理模式才最为科学和有效。

CSA 型农场的管理者相信农业是一种生活，在这种生活当中大家的劳动耕作和生产并不完全一致，每一分劳作都能转化成能够售卖的商品，然而 CSA 型农场的劳动者的每一分劳作不能获得应有的回报并通过薪酬分配表现出来。对于这种农业形式，它自身的管理特点和 CSA 型农场的劳动者所适应的现代化管理模式对工作者的积极性造成了某种困境。纾解这一困境仅能依靠经营者自身管理素质的提升，常和劳动者交流农场与整个 CSA 事业相关的消息促使农场劳动者对自我形成恰当的定位，并且形成较强的自律意识与自我认同感。不同于现代化企业管理模式，CSA 型农场的经营急需在各种难以挣脱的外部环境压迫下找到一种合适的经营管理模式。在任何新鲜事物成长之初，它的经营管理理念都要具有极大的包容性、理解力、活力，由此才可以激发所有可能的支持力量，促使 CSA 拥有很大的实践发展空间。

2. 人才困境

现如今社会能够提供给社区支持农业型农场的从事有机农业耕种的专门劳动人才较为缺乏，现代教育体系着重于培养社会精英，农学专业的高等教育重在生物学与分子学领域的实验研究，或者以生物化学为基础的土地改良技术，而侧重于尚处于发展初期、规模较小的生态化农业生产实践的教育培训课程非常稀少。高等院校与科研机构高精密的科研设施、卓越的创新人才和丰富的资源明显不是为社区支持农业型农场服务的。大公司便是其中的一个优势主体，依靠其强大的资本优势成为市场宠儿，这些企业足以改变高学历人才的职业选择。然而，经过市场就业的多层筛选，最后一定有部分人通过劳动雇佣者的身份涌向农业生产部门，这部分劳动工人绝大多数具有异质性与频繁流动的特征。

CSA作为我国农业发展探索过程中的一个新的发展方向，通过现有的社会教育体系为其提供特定的农业人才仍然需要花费较长的时间。CSA现今仍处在发展的初级阶段，各方面所具有的条件尚不能够为高校教育提供有针对性的学生职业培训方案并且确保学生在毕业后能够获得较高的工资、稳定的工作和一定的社会地位。一些具有优势的就业行业已占据了绝大多数的高等院校的教育资源，高等院校为提高其就业率也积极与这些热门行业与企业加强合作，为这些领域输送专业人才。在现有的社会人才培养供给机制的影响下，CSA型农场面临农业专业人才供给不足的问题。作为新兴发展领域的CSA，在其各个方面发展尚不成熟的时期确实无法和外界的现代化发展环境相抗衡，唯一能够做的是充分利用CSA这一特别的实践发展理念，在CSA型农场内部构建出包容和温暖的工作环境，让农场在培养农业人才的过程中留住这些人才。

3. 生产困境

CSA型农场的发展窘境与农产品产量对农业资金投入的依赖和现代化农资市场对农业生产的控制具有很大程度的相关性。现代化的政策与计划均遵从一个相同的逻辑，即通过深化商品关系来改善农业生产。伯恩斯坦（2011）认为现代化的政策和计划遵循了同一个中心逻辑，即以深化商品关系为基础来改善农业生产。然而CSA则试图挣脱上述关系的约束，进一步构建一种更为简单的商品交易关系。CSA型农场偏向于使用经受住自然环境筛选的种子，与此同时，现代化农业生产过程中的种子大多数已不能够留种。目前种子培育主体正处在转换时期，企业与科研机构现在正尝试构建以企业自身为主体、以市场为导向、以资本为纽带的科技育种新模式。而CSA型农场目前尚不具备构建自己所需种子库的能力，只能从外部市场选购种子。所购种子无法经过自然环境的进一步筛选和改良，一般仅能通过喷洒农药与追加化肥的方式获得较高的产量。因此，在现今农业种子外购的情况之下，种子生长过程中如若不追加化肥、喷洒农药，农场的农作物产量将会降低。CSA 型农场的实践探索，一方面要秉承其发展理念，另一方面又不拥有独立于现代化的农业市场环境之外的能力。这暗示着它只能在主流市场的夹缝之中，依靠现代化进程中显现的问题寻找一条弥合人们“发展创伤”的和合之路。

4. 消费困境

如今绝大多数消费者选择 CSA 型农场农产品的初始动力是寻求食品绿色安全与维护身体健康，同时这些消费者多为中高收入群体，具有一定的绿色环保理念，对现今社会发展进步的高成本与高代价深有体会。然而，他们与 CSA 深层次的发展理念尚未达成共鸣。所以，农产品购买者不能够达到如 CSA 所预期的那样，和社区支持农业型农场共同驻守同一战线，抵抗风险。实际情况中的消费者仅仅是站在消费端，以食用健康农产品为主要目的。因而，这就产生了农产品生产品种过于单一不能满足客户多样化需求、农产品供应数量起伏不定对客户造成负担以及消费者之间缺少沟通交流的问题（陈卫平等，2011）。占比较小的消费者自发组织也面临各种困难，组织自身维持与运行的窘境令组织号召者体会到巨大的压力，一些购买者会担心食物的品质，大家怀着回归自然的心愿，却仍需在喧嚣的都市中的计算机旁为 CSA 操劳担心（姚卫华，2010）。在这些自发组织遇到困境之时，各种相异的解决思路也折射出这一组织模式的不成熟。2010 年发起成立了共同采购组织北京“妈妈团”。[①]“由于持续未能盈利，有的成员想要转型成超市，感觉存活下去最为重要，但我觉得要坚持最初开办的理念，不可以演变成为一个营利性的组织团体，”发起人之一刘女士说，“也有些成员想做大规模，想加大

① 《妈妈团：理想很丰满，商业很垫背》，2013 年 9 月 19 日，http://www.infzm.com/contents/94473。

投资。”处在成长期的消费者组织比较容易产生定位不清的问题，进而从一个单纯的购买组织转变为追求利润的组织。这些消费者组织在面对困难时，不是从自身独特性的角度出发探索问题的解决方式，而恰恰相反的是返回主流商业模式中用导致问题的工具来处理问题。消费者对 CSA 的发展理念未能有较为深刻的认识是消费者自发组织不成熟的关键因素，CSA 的实践与发展依赖消费者与生产者的共同努力，其中，加强消费者对社区支持农业的认识最为重要。

5. 土地困境

CSA 型农场的种植土地多为从农户手中租赁过来的，绝大多数土地分布在城市周边。当前随着我国城市化进程的加快推进，城市周围的地价快速上涨，农场承包租种的土地也面临随时被征收的压力，当地的民众一旦察觉到土地存在被征收的可能以及随之而来的巨大利益，便开始筹划收回已经租出去的农地，静待着土地被征迁可能带来的收益。由于农地不能被社区支持农业型农场的营运者掌握，CSA 型农场总是需要考虑农户的影响，进而总是心怀隐忧，不能与附近农民有更顺畅的交流与互动。因而，尽管 CSA 这一事业在都市中凭借配送、市集和网上互动搞得热闹非凡，在郊区农场周边却表现得十分安静，尚未与周边农户产生深度交流。为何会出现这么大的反差呢？究其原因，主要是 CSA 型农场在发展过程中，客观上需要一定规模的土地供应，但在我国现行关于土地承包的制度之下，CSA 型农场的经营者需要妥善处理与所在地村集体的关系，以促进稳定生产环境的形成。若大规模地进行 CSA 模式的开发，这种稳定的生产环境会受到一定程度的破坏。简言之，CSA 型农场在发展过程中会与现代化的市场形成竞争关系，两者的价值理念也会产生冲突，导致前者的生存空间被“挤压”，最终困于现代化生产的围城之中。

贝克（2001）对现代化给 CSA 型农场发展所带来的不利影响进行了客观的总结，提出了风险社会理论。他的核心观点是，目前人们所处的后现代社会实际上类似于一个风险社会，这种风险不是局部的风险，而是一种全球范围内的风险，这一风险对人们的基本生活方式、食品种类、快乐等的影响就不应该仅仅从地方、民族和国家的视角谈论，而是应该从一个大的视野去考虑，即站在全球化的视角去探讨。从全球化的视角来看，CSA 的理念是主张绿色生产、有机生产，是落实这一主张的实际行动者同全球化背景之间的一次不同寻常的对话，是追求绿色健康生活的群体积极参与全球化多元治理的一个有效实施路径、一个缩影。考察国内的中等收入群体所处的时代背景，可知他们是刚刚摆脱农耕生产的一群人，由于自身的某些特点（例如这个阶层是高等教育塑造的成功者），尽管正在通过实际行动抗争现代化的某种后果，然而其行为与理念的本源仍同所处的现代化社会不能分割开来，而且较难与还未经历过现代化形塑的群体携起手来，因而，这一运动陷入组织者自身不能跨越的窘境之中。

二 农消对接

“农消对接”为中国人民大学农业与农村发展学院周立教授团队面对新兴的 ATN 提出的一个本土化概念，并且认为农消对接的终极任务是推动人与人之间信任的加强与人情关系的构建（徐立成、周立，2016）。他们认为随着劳动力与耕地的逐步商品化、市场化，企业的逐利本质激发了企业自身的投机行为，引发了一系列食品安全问题。消费者与生产者为维护自身利益，将自发组织自救行为，具体表现为消费者缩减购买主流食物的支出，并开始寻求可替代的食物购买渠道，生产者针对市场产品需求和自我消费情况，利用不同的生产模式进行生产，并同时确保自己家庭的食品绿色健康（徐立成、周立，2014）。与此同时，他们也意识到，随着民众的自保行为规模逐步扩大，这种行为就具有演变为“社会自保”的概率，其假设条件是推动都市消费者与农场生产者之间的结合，加强彼此之间的交流与信任（徐立成等，2013）。

为进一步探究农消对接，周立教授团队分别剖析了国内消费者与生产者的自身特点以及对发展 ATN 之间的挑战。对于生产者来说，规模较小的农户生产者不具有单独拓展市场的实力，农产品品质、数量以及价格标准均很难直接与市场建立联系，所以农夫市集、NGOs 等中介组织的沟通协助显得十分必要（徐立成、周立，2016）。对于消费者来说，由于大多数消费者缺乏责任意识，故经常表现出一种以物美价廉作为消费准则、缺少合作消费的不负责任的行为（徐立成、周立，2016）。因而，需要食品链条中生产者与消费者的共同参与，才能构筑食品绿色安全体系，达到疏远的社会关系得到重新构建的目的。

（一）农消对接在本土的发展状况

随着农业功能的单一化与食物全产业链形势的愈演愈烈，食物政治化与商品化进程逐渐加速，一个全球性的“食物帝国”正在形成（周立，2008，2010b）。“食物帝国”把控着食品生产、加工、分配甚至整个消费系统，追求盈利的企业不会在消费者与生产者间传递真实可信的消息。为了增加自己的利润，食品中间商可能会“对上骗，对下骗”（周立，2010a；周立等，2012）。身处于此资本逻辑主导的食物体系再造过程中，为得到较参与此食物体系更多的利润，农民仅能与商超进行合作，兴起了以“农超对接”模式为代表的主流食物体系模式。此举在某种意义上压缩了食物产业链的长度，然而鉴于商超本身亦为营利性的组织，首先它对进行农业生产的农户增加的福利较小，其次它对消费者忧虑的食品健康问题亦无法产生影响。在种种情况之下，作为替代性食物体系中的一种模式——农消对接逐渐推广开来，为现存的食物体系中成本与收益分配、食品健康等问题提供了一个全新的解决方案。

1. 超越农超对接：农消联合的出现

如今主流的农超对接模式尚未脱离食品中间商的操控，由于超市本身早已成为具有强大操控能力的中间商，表现出明显的脱嵌与“信任共同体”的特征，超市通过自身的资源优势削弱了农户的话语权，并完全剥夺了消费者的话语权。此举一方面对消费者与生产者的利益产生了极大的损害，另一方面进一步导致了食物体系中信任裂缝的产生，促使消费者与生产者之间的信任逐渐减弱，没能产生向人格信任的回归，帕特尔宣扬的消费者和农户之间的联合没有因农超对接的产生而达成。由此全新的信任中介体系，甚至去中介化的尝试逐渐产生，引发了再建食物体系“信任共同体”的社会自保运动，农消对接模式的逐渐兴起便是其中一个重要的形式。甚至能够说，农消对接的产生是对传统食物体系的一次重要的创新与突破，为重建食物体系中的“信任共同体”提供了一个全新的、合理的、有效的解决途径。

农消对接同时也被称为“产消对接”，这一名词是在农超对接的基础之上进一步提出的。王玲瑜和胡浩（2012）将产消对接定义为绿色产品生产者与消费者间在一定的契约关系之下完成的交易，通过物流运输对农产品直接进行配送，没有通过任何农产品中间商。当然，上述定义仍然是对农产品流通与交易层面的概述，也较为契合美国的现实情况。在美国，各地区的农场经营者大都发起成立了区域性的农产品生产和销售协会，同时也存在一部分全国性的相似协会，这些组织大部分通过在农场内（on-farm）安排都市购买者前来参观旅游，借此机会销售协会会员的农产品，或者通过在农场外（off-farm）安排农产品展览销售与推介、利用网络直销、召开农夫市集，为农场经营者出售自家农产品创造便利的机会。上述这一生产者与消费者之间的联合能够被视作狭义的农消对接，本书结合国内的实际情况进一步提出，农消对接这一模式的最终目的是推动消费者与生产者间人际关系的建立与巩固，这一目的在国内具有实现的可能性。

2. 农消对接模式与食品信任的转型

从表面上来看，主流食物与农消对接两种食物体系最大的不同之处表现在产业链条的长度上，产业链的缩短确实能够改善消费者与生产者的福利状况。然而，这并不能够体现变革的实质，抑或说，这仅体现了农消对接模式的表面。变革的最大特点体现在生产者与消费者之间的信任关系上，二者的关系由原来的博弈、算计转向合作，从初始的系统信任转换到人格信任。涉及食品信任这一方面，目前的研究也已开始一些初步探索。陈卫平（2013）把目前的食品信任理论延伸至 CSA 的情境中，并进一步提出农业生产者能够通过绿色产品的提供、同消费者的频繁互动、开放的生产方式、关怀的理念和共享的第三方关系等五种方法构建与维持消费者对绿色产品的信任。上述方法作用的发挥则有赖于生产者的绩效、信息、嵌入关系。帅满（2013）则着重研究了由于生活理念相似而聚集在一起形成共同采购绿色安全农产品的消费者组织（即菜团），在 ATN 的不断发展过程中单个消费者建立了对菜团的信任。在这一条件之上，消费者组织构建了一套消费者、消费者组织、农夫市集、农夫四者彼此相连，从关系到信任网络构成的特殊的信任体系，进而享受到值得信任的绿色安全农产品。在这一食物体系中，层层连接，由关系到网络结构产生了基于封闭性而形成的信任体系与结构，进而构建出了绿色安全的农产品信任机制（帅满，2013）。基于此，本书依据社会学中信任的含义和对信任的分类，提出要促进农消对接模式的进一步实践与发展，需推动消费者与生产者之间由现代社会的信任关系回归到传统社会的人格信任中。在这一转型回归过程中，通常需要经历信任评审、构建和维持三个阶段。在现在国内的消费市场情况下，消费者与生产者数量众多并且较为分散，两个群体之间直接对接的可能性较低。因而，农夫市集、NGOs、都市农场等食物体系信任中介的作用就显得尤其关键，上述多种食物体系信任中介凭借着增强农夫与消费者之间的交流和沟通，达到两者之间的结合，促使系统信任回归到人格信任，食物体系中“信任共同体”再塑的过程逐渐开始。

（二）农消对接特色农产品的特征

1. 主要内容

为优化和完善国内现有的绿色产品流通体系，本书提出通过网络信息服务平台来完成的农消对接绿色产品物流运输模式，是以地区特色农产品流通作为突破口，从整个产业链条的视角去具体实施，在产业链条的上游建立以生产者为主体的原产地直接供应农产品的模式，在产业链条的下游，主要是通过在都市和乡村建立不同数量的特色农产品体验店，引导体验的顾客将购买意愿转化为实际购买行为，增加订单数量的销售模式。除此之外，还需要构建现代化的网络信息服务平台，这个平台的基础是移动网络，实施的主体区域范围应是市级和县级，主要作用是负责推介当地的绿色、有机农产品，实现生产（供给）、消费（需求）和配送（中间环节）信息的集成，实现信息的共建、共享，达到共赢等目标。

此网络信息服务平台所具备的作用主要有以下方面。一是信息收集。主要收集的资料有农产品生产者的基本信息、特色农产品详细的属性信息、农产品生长状况信息、产品订购情况信息、客户基本情况信息。将上述基本信息逐一整理存档，便于信息的分享与查询。二是信息处理。将供需信息相互匹配，主要依据订单销量来确定供应量，在首先确保高利润和周边地区销售达到供给与需求平衡时，再进一步满足其他农产品销售市场的需求，以达到各个地区需求与供应的均衡，由供过于求造成的农产品滞销需由农户自行兜售。对流通运输过程中的人流、物流、产品及价格进行合理规划，以达到降低成本、提高流通效率的目标。三是信息共享。该平台所有数据来源的接口应该在标准上实现统一，以便于各种数据资源能有效、快速地集成到该平台上，实现信息的收集功能，为数据的后期模块化、开放性、拓展性应用奠定基础，实现数据的共享。但应注意的是，各模块信息使用者应在各自的权限下及时维护生产者和消费者的信息，做到及时处理，同时要注意数据的存储和备份，关注数据的安全。四是信息应用。供给与需求信息的合理匹配能够达到从需求端到订购与供给端的逆向反馈，减少配送过程中的产品损耗与由生产端供过于求造成的农产品价值减损。物流模块的运输配送优化功能可以在较短的时间内规划出较好的运输配送方案，易于操作与实施。五是信息传播。由于农产品的品质情况很难被消费者验证，消费者可通过此网络信息服务平台获得农产品种植过程中的详细情况，抑或通过信息检索功能搜索相关产品的视频资料。与此同时，消费者之间也能够通过网络信息服务平台了解与咨询不同消费者的产品体验感与产品评价，进而决定自己的订购意向。农产品生产者间的生产经验分享能够促进有价值的信息传播，并有利于提升绿色产品的品质。

凭借此网络信息服务平台，合作联盟可向农场派驻工作人员进行特色农产品种植指导、产品信息采集和物流配送安排，实现绿色、健康、特色农产品原产地直供模式；依托在销售地区创建销售网点与体验店，网络信息服务平台把消费者订购情况迅速反馈至农产品生产端，实现以订单为驱动力的农产品供销模式。与此同时，以就近销售理念，创建地区配送点，协助地区内的物流运输企业进行货物配送，降低运输成本。总的来说，合作联盟的职能部门主要有销售地区办事处、采购单位、物流协调配送单位；而网络信息服务平台的主要功能模块有需求、物流、供应与交易。其数据信息处理过程为，首先是合作联盟各个单位分别收集一系列相关数据，即采购部门把各个生产者的农产品供应具体信息传送到网络信息服务平台的数据库中，抑或是由外派工作人员协助生产者在网络信息服务平台上填写种植的农产品的情况；物流部门主要与运输企业对接，采集物流商的有关资料；销售地区办事处需要收集消费者的信息并录入网络信息服务平台，或客户自主输入需求信息。其次是借助网络信息服务平台，使数据对合作联盟各部门开放，对需求与供给信息进行匹配，并对流通运输过程中的人流、物流、产品及价格进行合理规划，制作货物运输方案。再次是采集供给与需求信息、匹配供给与需求信息、汇总配送信息三个步骤，实现信息的流动，完成信息共享与公开。从次是经由农产品收购、农产品协调配送、农产品售卖三个步骤实现农产品的流通，并进一步削减运输成本。最后是经由消费者订购、运输配送、农产品采购三个步骤实现资金的流动、产品运输费用的削减。该供给体系以消费者的订单为驱动力，即客户依据网络信息服务平台的农产品供应信息与自己对产品的需要进行预订；生产者负责农产品的生产，确保所有的农产品生产程序遵循生长规律，而且生产者作为农产品的供给者，拥有定价权，并且需要对农产品品质状况负责；合作联盟派驻工作人员代表当地农户，负责把绿色安全农产品的信息传递到上级公司，并培训和指导生产者对特色农产品进行标准化包装等；合作联盟依据都市与乡村消费者人口稠密特征，成立产品体验中心，以体验、展览、取货、技术指导等功能为主。

相较于其他商品流通模式，农消对接模式具有以下五点明显优势。第一，它打通了绿色产品的生产、运输、消费的全流程，主要的依托是所构建的网络信息服务平台，能够让资金流、信息流等要素形成一条闭合生态链，易于农产品价值增值；第二，产业链上的各个主体拥有平等地位，公平参与产业链价值增值活动，尤其是产业链初始端的生产者拥有对农产品的定价权，而身处于产业链终端的客户拥有农产品品质的追溯权，可彻底改变传统流通模式中食品中间商话语权的垄断情况；第三，产业链上的各个部门间信息资源完全公开和透明，便于部门之间信息共享；第四，农产品配送运输过程实现零库存、近距离，便于提升农产品流通运输效率；第五，通过把农村绿色健康农产品销售作为突破口，能够实现关联产业的共同发展。

2. 机制保障

明确的运行机制是维护各个主体利益、调节各方关系、实现产品生产、持续销售、顺利运行的重要前提条件。这一农产品流通新模式是以农产品生产者为主体的经营联盟作为组织管理核心，依托网络信息服务平台提供信息支持功能，以信息管理机制、物流协调机制、销售机制、监督机制和利益分享机制等作为体系运行保障机制，形成农产品、资本、物流的高效、快速、安全流转。

（1）信息管理机制。合作联盟需要制定信息管理机制，包含信息使用、分配、管理、维护等制度，以保障信息使用过程中的安全性与有效性。

（2）物流协调机制。合作联盟与货物运输公司二者间既可实行市场交易制又可实行合作制，通常来说，合作制相对于市场交易制更能确保农产品运输的及时性与可靠性，可以进一步降低货物配送过程中的损失。

（3）销售机制。销售部门需要依据市场情况对农产品进行合理的定价与销售，并通过向超市批发、建立专卖店与网络直销等途径进行售卖。

（4）监督机制。构建一定的监管机制，农产品生产者对合作联盟不但能够进行监督举报，而且能够申请退出。

（5）利益分享机制。以农产品生产者为主体进行构建完成的农产品合作联盟可以由政府相关管理单位或者地区农业合作机构成立并运营，采取以农产品生产者集体出资为主、以政府相关管理单位或者地区农业合作机构为辅的投资合作方式。详细的出资和收益分享方案可由合作联盟起草协议和各个利益主体商讨确定。在采购时，合作联盟和农产品生产者商讨价格，抑或参照先前签订的合同，参考现有市场流通价格并按一定比例在其基础之上予以采购。

3. 实现途径

为进一步加快新型绿色产品流通体系的构建，需对现有农产品的组织、供需、交易、物流配送等模式以及农产品品牌进行变革与转型。

（1）通过交易方式创新，打造以农产品生产者为主体的现代化交易市场。农产品的现代化交易市场具有一个典型的特征，即市场的信息汇聚能力超强，通过运用大数据、5G、物联网等技术，将庞大的、分散于不同农夫中的生产信息汇聚在一起，实现规模化的经营，通过互联网将不同的个体生产者连接在一起，形成一个强大的市场供应方主体，能够增强绿色农业、有机农业的生产者在市场上的议价能力，解决信息不对称的问题，提高协同生产的效率。关于这一市场构建主体的问题，答案是多样性的。其不仅能够由地方政府组织构建，也可以通过对地区批发市场进行现代化改造建立。农产品生产者与合作联盟能够在市场中建立自己的网站，通过现有的网络信息技术把农产品信息，如数量、品质、成熟收获日期、产地、加工程序、产品配送方式、价格等直接提供给客户，或者由农产品生产者把绿色健康农产品的信息通过图文形式在消费市场进行广泛宣传，增强农产品品牌的影响力。在现代化农产品交易市场进行售卖的农产品，需在销售市场所在的监管单位进行注册、编号，以保障农产品品质，并形成对所售卖农产品源头的可追溯性。

（2）通过供给与需求模式创新，实现以农业生产者为交易主体的产品价值增值链。借助消费需求引领模式、绿色健康农产品产地供应模式创新，疏通农产品生产者和客户需求间的信息沟通，压缩销售与配送的不必要环节，降低成本，提升绿色健康农产品在市场上的流通速度，提升生产者的供应效率，以生产效率的提高为基础，构造绿色产品的生产闭环，促进农户生产价值的实现及进一步提升。

（3）通过农产品运输配送模式创新，以解决目前在绿色、有机农产品市场中的仓储等问题，围绕“零库存”的发展目标，能够降低生产者的成本，最终会让消费者得到实惠，维护各方的利益。该模式以线上下单购买为主，通过就近配送的方式，完成绿色健康农产品短距离、高品质物流运输，降低物流配送成本，提升绿色产品运输时效性，农产品原产地配送中心同时也可承接农产品的保鲜、包装及深加工等业务。这一新型农产品物流配送模式的显著特点之一即为绿色产品的原产地可追溯性，其出发点为最大限度地保障消费者权益和维护农产品生产者利益。

（4）通过组织模式创新，以农产品生产者联合体为生产和供给主体，推动农产品生产者从小农生产者身份向现代化生产者身份转变，从独立分散的个体农业生产者向生产者联合体过渡。依据利润最大化原则和地区农产品种植环境接近的特点，利用组织模式创新，会集国内绿色产品产业链条上的生产者，打造数量优势较为明显的绿色产品规模化生产模式，提升地区绿色健康农产品市场的核心优势，探索绿色产品的深加工，扩展农产品产业链条，孵化出极具优势的农产品品牌，促进农业种植产业向集约化、规模化、专业化方向发展。

（5）通过农产品品牌创新，打造以农产品生产者作为创新主体的现代化农业创新体系（卢奇等，2017）。农产品生产者能够依据网络上大量及时的信息、供给与需求之间信息逐渐对称的特征，透过农产品市场划分与客户产品偏好划分，快速调整产品规模和品种。然后，通过市场的自我筛选，将筛选出的产品打造成为本地的特色农产品；鼓励生产者优化改良农产品，将之打造成为极具本地特色的产品品牌。

4. 农消对接模式的约束条件

农产品的物流模式存在多种形式，无论哪种模式都有其存在的必要性。与此同时，各种模式均存在一定的约束条件，农消对接也有约束条件，包括以下方面。

（1）消费者数量。绿色产品的市场规模取决于消费者数量的规模与稳定性，消费者数量过少暗示着市场需求不足，难以促进农消对接模式的发展，区域内必须具有一定的居住稳定的消费者才能够推行农消对接模式。

（2）经济发展水平。地区经济发展水平代表着本地居民的生活水平，暗示着居民的购买能力。与此同时，农消对接模式对网络化、信息化要求较高，地区具有较高的经济发展水平能够为农消对接模式提供便利的支持条件。

（3）配送距离。所有流通模式都会受到配送距离的约束，物流成本直接受配送距离的影响，距离过长、过短均非最优，应寻找合理的配送距离。

5. 农消对接模式的优势

农消对接是在农超对接模式的基础之上产生的，两种模式各有不同，然而农消对接模式的优势更突出，消除了农超对接模式中的许多问题，农消对接模式的特征如下。

（1）鲜活农产品的流通速度提高。该模式压缩了传统模式中鲜活农产品流通的中间环节，解决了中间环节层层加价的问题，大大减少了鲜活农产品的交易成本。与此同时，中间环节的压缩减少了鲜活农产品的运输、存贮损耗，减少了农产品的不必要损失，确保了鲜活农产品的食用新鲜。农产品更快地从生产者手中运送到消费者手中，提升了鲜活农产品的流通速度。

（2）避免农户盲目生产鲜活农产品。传统模式中由于流通产业链环节较多，鲜活农产品的生产和销售信息不对称，产生了“牛鞭效应”，造成了农产品生产者生产过多，引发了“菜贱伤民”。在农消对接这一模式下，一方面，由于农产品生产者与消费者可以直接见面，市场反应较快，极大地减缓了市场的波动，避免了农产品生产者销售、生产的盲目性。另一方面，在该模式中随着合作联盟的成立，借助现代化的网络信息服务平台，客户可以直接在线上下单订货，生产者根据客户的预订信息，以销定产来确定自己的绿色产品的生产，绿色产品的耕作变得可准确计划。与此同时，合作联盟派驻人员对农产品耕种予以培训和指导，提升了鲜活农产品的品质。

（3）农户和消费者处于价格决定权的主动位置。在传统的产业链模式中，农产品生产者和消费者皆为农产品价格的接受者，采购商决定了生产者售卖的农产品价格。然而，在经过多个环节的加价之后，农产品到达消费者手中时，价格往往增加了数倍，消费者也不能影响农产品的价格。农超对接模式中，农产品生产者和消费者同样仅为农产品价格的接受者，由于超市扮演着采购商的角色，处于主动地位，它对价格具有决定权。农消对接模式中，农产品生产者与消费者实现了信息共享，且没有中间商的参与，农产品流通的中间环节大大减少，两者共同决定了产品的价格。

（4）网购为消费者提供了便捷。合作联盟中有农产品生产专家、农产品物流与网络信息服务平台构建和维护的专业人才，为农产品生产者和客户提供了网络信息服务，客户能够通过线上下单，直接购买绿色产品，可以方便快捷地享受到新鲜、实惠、高品质的农产品。客户能够通过网络查询产品原产地，农产品信息具有可追溯性，确保了购买的农产品的品质和安全。

三　巢状市场

"巢状市场"的概念是由中国农业大学人文与发展学院提出的，起始于2010年实施的巢状市场减贫项目。该减贫项目通过与北京、河北4个村子合作，借助项目运作促进消费者与农户可以直接进行商品买卖，能够产生消费者信任、提升生产者收益，对生态环境以及传统农业生产方式进行一定的修复。巢状市场不仅包括具体的农产品交易场所，同时也包含制度化的市场关系，即依托一定的运载系统，在农户和消费者之间进行特殊的农产品买卖。主要产品有绿色有机农产品、高质量农产品、特色农产品以及乡村特色旅游等，消费者主要指可以分辨出上述特殊农产品的客户群体；运载系统主要有农产品消费体验店、农夫市集以及农产品物流配送体系等具体形式（叶敬忠、王雯，2011）。

范德普勒格（2020）提出"巢状"一词的使用时强调，这一替代性食物体系与其所处的社会结构间的相关性。相比于主流食物体系尝试改变社会结构，巢状市场则更偏向于认可其所处的社会结构。首先，消费者与农户之间的交流、互动和信任是作为巢状市场社会关系的基础，它的产生与发展更多的是为了处理主流食物体系造成的危机；其次，巢状市场充分依托当地的自然资源结构，充分挖掘内部资源，有效利用当地气候、种植结构、劳动力投入等资源基础；最后，巢状市场具有多功能性，即除了具有联系生产与消费这样的经济功能外，还能够发挥促进生产者与生产者、生产者与消费者之间联系的作用，以及保护乡村自然环境与人文景观的作用。

巢状市场强调新兴市场的运作机制——公共池塘资源（Common Pool Resources，CPR）。从理论上来说，这种新兴市场的出现是在农村发展框架下，以不同的 CPR 为基础发展起来的。这里的 CPR 概念借用诺贝尔经济学奖获得者奥斯特罗姆教授的观点，即它是一种人们共同使用整个资源系统但分别享有资源单位的公共资源，具有非排他性和消费的竞争性。在巢状市场概念下，CPR 不仅指用于买卖的特定资源与产品，同时也包含基于产品的特殊性而形成的在消费者与农户间共同遵守的行为规范与对农产品的要求，也涉及生产者与消费者之间的联合利益（叶敬忠等，2012）。这一概念为构建新兴市场的参与者（消费者、生产者、中间组织）提供了发挥自身能动性的空间，他们均能够从自己的现实需求与价值标准出发，加入对农产品品质标准的制定；普遍遵从的价值标准是在互动中构建而成的，并非某个参与者所能决定的；最终的产品作为共同认可的物质载体。

（一）特殊产品和服务的新兴市场

巢状市场主要包含特殊产品与服务的生产，至少与某种特定的产品存在一定的关联性，主要包括绿色有机农产品、高质量农产品、特色农产品以及乡村特色旅游等。这些特殊的产品以及服务均为“高质量”的载体，同时也为新型城乡关系的重要载体。巢状市场以特殊的产品或服务为基础，通过特定的生产者生产出具有特殊性的产品。而这些产品（或服务）的生产者通过一定的方式在巢状市场运行的框架下为农村的一些 CPR 建立良好的声誉，不断地迎来客户购买，保证农产品的销售可以持续进行。这一新兴市场的消费者也具有一定的特殊性，他们能够准确地判断出进入巢状市场的农产品以及服务的品质，对产品及服务的品质存在极大信任。巢状市场中的生产者与消费者共同拥有某种特定的参照框架，这种框架的存在使交易双方在很大程度上降低了交易成本。生产者与消费者之间经常的交往对彼此形成了稳定的信任机制，这一信任机制在巢状市场里起到非常重要的作用，同时这一信任机制确保了农户农产品的交易和客户的食品健康。与此同时，这一新兴市场不可或缺的特殊运载系统主要有农产品消费体验店、农夫市集、收购集团以及农产品物流配送体系等具体形式。这些可能由特殊的系统支持，就类似于农产品的品质能够通过第三方认证而被信任。另外，巢状市场并非仅对生产者与消费者有一定的优势，对于第三方而言也存在一定的优势。巢状市场交易的产品与服务能够激发整个生产地区的积极性，促进关联产业的生产和发展，进一步带动整个地区的经济发展。

巢状市场是无限市场的一部分，但同时它又与无限市场存在一定的区别。巢状市场中特殊生产与无限市场中标准化生产对比存在很大的差别。产品在新鲜度、品质、产地、外观以及可持续等方面的区别越明显，就代表着产品越具有特色。这不但取决于巢状市场产品的特征，同样也取决于无限市场产品的特征，两者共同决定差异程度。

（二）巢状市场与无限市场

对于无限市场和巢状市场两者之间的关联性，一方面，后者是前者的一个组成部分，即巢状市场嵌入无限市场中；另一方面，巢状市场的出现可以摆脱“食物帝国”的统治，提高农产品生产者的积极性，使农村农业的永续发展成为一种可能。通过巢状市场与无限市场各个方面的对比能够较为明显地发现，在流通中二者在市场主导者、生产者、产品利润等方面存在显著差异。但不可否认的一件事就是，真实状态下的巢状市场会比所表述的巢状市场更加多样化、复杂化。尽管如此，对于深入分析这一新兴市场，它仍然不失为一种好的分析工具。

（三）巢状市场与公共池塘资源

从理论上来说，这一新兴市场的产生是在农村发展的框架下，以不同种类的 CPR 为基础发展起来的。它就如一池清水，任何人都能够从中取水，然而谁如果获得了水，水就变为此人的私有物，那么我们认为这种水就是 CPR（张克中，2006）。一处供人欣赏游玩的旅游景点也可以被称为公共池塘资源。高品质的农产品（如有机蔬菜）也能够被视为 CPR。有机认证标志不是谁独有的，它反映了将特定的生态条件和特定的自然资源转变为有价值的高品质农产品所必需的科技、技能、知识等以及要保障这种高品质农产品所必需的标准与内部管理水平。科技、技能、知识等并不属于个人的私有财产，它们是共有财产，被大众所共同拥有，并共同构成了 CPR，即 CPR 构建并勾勒出了这一新兴市场。它带动消费者进行购买，并产生和保持农产品溢价，与此同时通过巢状市场获得的高质量产品被用于 CPR 的维护和再生产，反过来巢状市场的进一步发展又强化了 CPR 的基础，这构成了一种良性循环（Polman，2010）。在巢状市场的整个研究过程中，具体的产品以及服务是如何转换成 CPR 的是笔者注重分析的内容，这些工作为巢状市场的正常运行作铺垫。然而，在 CPR 运行过程中，特定的生产者和特定的消费者之间共享着一套独特的价值规范和标准框架（Polman，2010），这些规范和框架明确了人们之间具体的行动，比如对联合资源的利用方式，这一新兴市场中交易的产品、方法和标准规范等。与此同时，CPR 是可再生的，但相当稀缺，所以参与者的行为方式都会对其他参与者的利益造成一定的影响，由此为了维护好其他参与者的利益以及确保 CPR 更好地发展，就需要采取一些强制性的规范措施。换句话说，巢状市场的存在需要一定的规范、边界进行约束。

（四）巢状市场的“边界”

巢状市场的“巢状”一词是由英文单词“Nested”翻译而来的，是作为对无限市场的一种回应，以“边界”抵制“无限”。“边界”一词是比较复杂的，从不同的角度、不同的层次对“边界”定义都有一定的意义。首先，边界可以由特殊的产品构成。一般情况下，在这一新兴市场中交易的农产品均以公共池塘资源为基础，具有浓浓的乡村味道，与此同时，农产品生产者的较好名声也在某种程度上维护了这种边界。其次，假如巢状市场的消费者和农户拥有同一种价值观念，那么第二个层次的边界便产生了。在翁布里亚案例中（Sylvander and Barjolle，2000）：肉不单单是契安尼娜牛肉，它还是由本地农户养殖，由懂得怎样制作、食用它的客户买到的契安尼娜牛肉。这一新兴市场的边界，是由消费者与农户共享的参照框架所确定的。再次，当认识到农产品流通至消费者手中的特殊性时，就能够体会到边界的第三个层面。分析上述相同的例子：契安尼娜牛肉是通过特定的农户进行养殖，然后通过特定的屠宰场，到达特定的屠夫手中，通过特定的手法，变成契安尼娜牛肉，进而到达特定的消费者手中。大多数屠夫是经过认证的，在这里认证也能够被认为是一种边界，经过认证对产品品质的保障发挥着尤为关键的作用。最后，边界的构建有可能和空间位置有关联：某个特别的地方或许就暗示着一种边界。特别的市场或许吸引着特别的客户，抑或买卖特别的商品。比如说，在欧洲国家，有部分公司围绕着环路建造，环路环绕着罗马城，这里存在一种内部网络服务，企业的员工就可以通过这一服务平台购买一系列的粮食产品给公司或者自己，这样的方式可以给员工节省大量的时间和精力，同时，员工所购买的产品都是由周边地区的农民提供的新鲜的农产品。像这样的情况，一个新的巢状市场由此产生，这时它是以特别的地方为前提的（Oostindie et al.，1978）。这一新兴市场的定义是多层面的、多边界的。跳过这些边界就代表着交易费用的削减，与此同时，生产者也能够给客户更多的福利，让客户在省时省力购买产品的同时还能享受到质量有所保证的产品。换句话说，这一新兴市场压缩了和消费相关的成本，比如在节假日或者上下班高峰期，客户在人流量巨大的超市附近找、等车位的时间等。

经过上述分析，本书认为巢状市场是在农村发展过程中形成的，以CPR为基础，通过特定的农户耕种出高品质的产品，并且与消费者直接进行产品交易。这里的特殊消费者能够认识到CPR的价值所在，并被此吸引，与这里的特殊生产者进行密切的产品交易，与此同时，生产者与消费者之间通过交易培养出独特的信任机制，这对巢状市场的正常运行有着非常重要的作用。在这里，生产者和消费者之间共享一套独特的价值规范以及参照框架，这一规范或框架大幅度地降低了交易成本，在生产者与消费者交往中形成的信任机制确保了农户产出高品质的农产品，消费者信赖农产品的品质及安全性，购买方式与购买场所的特别性均在某种程度上强化了这一新兴市场的边界性（叶敬忠和王雯，2011）。鉴于这一市场几乎不存在中间交易流程，即使存在，也由产品生产者主导，或者说有生产者的参与，可以体现生产者的意向。农户能够在这一新兴市场收获到相比于一般市场更多的额外价值，从而提高自己的收入水平。最后，农户又可以将这部分收益用于农村CPR的维护和乡村的建设，进一步促进乡村的经济发展。

四 食品短链

食品短链又被叫作食品供应短链（Short Food Supply Chain），是国外研究替代性食物体系过程中经常使用的概念，源自食品供应链视角下的食物体系研究（Marsden et al.，2000）。杜志雄和檀学文（2009）是较早将食品短链概念引入国内的学者，他们指出食品短链中的短拥有多层意义：一是空间距离的短，指农产品消费的本地化，压缩了农产品物流配送和环境成本；二是消费者与农户两者间的关联；三是各种信息都是透明和可见的，通过减少中间环节，如减少中间商的数量，客户可以更多地了解农产品耕种与流通过程中的信息（赵玻、葛海燕，2014）。殷戈和朱战国（2016）经过实证分析发现，通过减少食品短链的中间流通环节、提升产品的售价的确可以激发农产品生产者参与这一替代性食物体系的积极性。

杜志雄和檀学文（2009）通过对比国内和国外食品短链的发展情况，认为国内的食品短链模式还处于发展过程之中，我国食品加工产业链还远远落后于西方国家，同时国内市场上政府对食品的监管机制并不完善，导致了一系列食品安全问题的产生。国内绿色农业发展实践的主要方向还是对现代化农业的发展与改良，并没有像西方国家一样充满大量的后现代主义的替代农业，笔者把它叫作“建设性”现代化农业。这种“建设性”现代化农业尽管也较为看重农业的生态问题与食品健康问题，但对降低能耗、本地化销售等非经济价值层面的作用考虑得不多，它仍强调扩大规模生产（檀学文、杜志雄，2010）。但随着这一模式发展与实践数量的逐渐增多，我们也清晰地了解到食品短链模式在生态保护、食品健康、保护农产品生产者利益等方面拥有较为明显的优势，但在其是否能够产生持续的经济利益方面还有待进一步研究，另外食品短链极为重要的实践意义是对常规农业以及食物体系的转型产生促进作用，同时还对具有技术能力的农业经营者进行培养和发掘（檀学文、杜志雄，2015）。

（一）食品短链的内涵

关于食品短链的内涵，可从空间距离与社会距离两个方面进行解释。

1. 空间距离

从空间距离的维度考虑，食品短链中的短意指农产品从农户流通至客户手中的地理距离与时间最短。Coley 等（2009）进一步认为，上述地理距离也需要扩展至农产品生产过程中所需的要素市场，如化肥和种子市场。地方性与本地化是空间距离最显著的特点。然而，针对本地，到目前为止国际上并没有给出标准的定义，通过各种经验可知，本地是与地理距离相对而言的，这里的地理距离可以代表区域、国家或全球。涉及何处是本地的起点以及何处是本地的终点的判断较为主观，决定因素包含人口集聚度、都市与乡村特征等。2005 年，英国杂货分销协会发现，本地的意义对于大部分消费者来说是他们生活所在地或者说在 30 英里以内能够购买到商品的地方。2006 年，英国食品标准局调查研究发现，在受访人群中有高达 40% 的受访者认为 10 英里范围内的区域就被称为本地。2007 年，英国全国农民零售和市场协会对“本地”从地理位置以及产品类型两个方面来定义：其一，本地通过市场辐射半径予以衡量，在辐射半径 30 英里以内最为合适，然而针对大都市或者沿海、沿边地区来说，30 英里的市场半径是不合适的，此时就会将其增至 50 英里，而半径最大能增加到 100 英里；其二，和公众普遍认同的地区行政边界相关，比如国家、省、市、县抑或地理边界。2008 年，美国国会批准通过的《食品、环境保护和能源法案》对本地进行了定义：某种商品经过物流运输之后依然可以被视为当地制造的产品的总距离不超过 400 英里。因此，本地可以被认为是，商品的生产和消费均在一个有限的地理距离之内发生并且商品能够被追溯的范围。

2. 社会距离

从社会距离的维度来看，食品短链最初的定义者 Marsden 等（2000）认为这一食物体系具有再社会化产品的作用，进而能够给予客户对产品做出价值判断的空间。他们进一步认为判断食品短链必需的标准不应该是食品加工制作和运输配送所花费的时间，而应该是食品运送至客户手中时，它自身所包含的信息。这里的信息包括食品外包装的信息和食品生产者与消费者两者沟通过程中的信息。这些信息可以令客户直观地了解到生产者所生产的产品的相关信息，如产品的生产地、产品的使用方法以及生产者的相关信息。产品被嵌入的信息越多，它在市场上就越少，这被作为食品供应短链的一个重要原则。法国农业部对食品短链进行了如下定义：食品短链是一个具有较少中间商的食物体系。在法国达成这样一种共识，食品供应短链中的短指的是食品供应链中存在的中间商的数量少，其数量越少越好，而零是其最理想的状态（ENRD，2012）。

由此，食品短链不但包含特殊的产品属性，同时还具有一系列社会关系属性。从这个层面来看，相较于本地食物体系这个概念，食品短链这个概念表达更为精确。综合空间距离、社会距离这两个维度，食品短链的含义应该是交易的食品能够追溯到某个特定区域范围内的产品生产者，与此同时，消费者与生产者之间的产品交易的中间环节应该较少或者为零的食物体系。

（二）食品短链治理机制的运行基础

学术界普遍赞同，食品短链的应用价值主要表现在它是对主流食物体系的一种替代，或者说它是产品生产者与消费者一直探寻的，但是主流食物体系在一些问题上解决不了的治理机制。产生和发展于传统食物体系之中的食品短链，它自身具有特殊的运行基础。

1. 消费者与生产者恢复联系

在主流食物体系中，食品供应短链为中断生产者和消费者之间的关系提供了另一种选择。在直接交易中，消费者与生产者之间的互动必然会“恢复联系”。一方面，恢复联系为参与者之间彼此更好地交流创造了机会，同时传达出对彼此更加信任、对产品更加放心的信息；另一方面，产品生产者与客户之间的沟通交流为食品短链中各方利益主体调整与确定其各自的追求与价值创造了良好的机会。对于产品生产者来说，首先需要借助销售市场距离产地较近、产品加工程度要求不高等便利条件，给予购买产品的客户更好的消费体验；其次与消费者交流互动更易获得消费者的信任，并逐渐产生品牌效应，随着时间的推移生产者能够有更多的主观感受。由此可见，食品短链中的产品并不仅仅是一种商品，更是依附食品交易基础的关系网络。食品供应短链不仅仅是农民销售自身产品的流通体系，更是一种建立在社会关系网之上的产品生产、加工、销售与消费的新模式。

2. 消费者与生产者之间建立信任关系

从消费者的角度来说，主流食物体系可能存在各方面的隐患，如食品来源以及产品成分、生产对环境的影响、食品安全、食品营养和口感等，换句话说，消费者对生产者缺乏一定的信任。然而，在食品供应短链中存在绿色、健康、信任以及可持续性等属性，这些属性恰好消除了客户的忧虑。信任成了客户加入食品短链的重要原因，换句话说，在这一食物体系当中，信任更有可能代表一种结果。特别是，信任并不仅仅是产品生产者和消费者两者间的心理状态，更多地表现为某种产品认证机制，即产品品质与绿色健康的客户自我认证。显而易见，这种认证方式对于难以负担商业机构认证成本的中小农户来说，可以节省一定的成本，这也正好解释了为什么靠近城市的中小型家庭农场最终更多地变为食品短链模式中产品的供应主体。

3. 消费者的社会责任

消费者加入食品短链购买产品的目的除了追求绿色健康农产品之外，也包括关注生态环境保护、社区发展、食品污染问题解决等社会责任方面的原因。相关研究发现，对于一些社会责任感比较强的个体消费者来说，对本地产品的购买要远远多于从外地购买，导致这一结果的原因主要是个体消费者认为本地产品质量更高、产品更健康以及个人偏好、支持本地经济的发展等。2005 年，英国杂货分销协会发现，在英国有 70%的消费者打算买当地农产品；2012 年，研究又一次证明在英国消费者更愿意通过购买当地厂商与中间商的商品来支持地区经济发展，其中有 36%的受访者表明愿意为本地产品支付额外的费用。也有研究表明，对于一些食品服务部门（如餐厅）、机构消费者出于社会责任等原因也愿意为本地的经济发展贡献一分力量，进而购买当地生产和加工的食品。美国农业部为研究分析消费者购买当地产品的初衷，对大学、高中、医院等单位的管理层员工先后进行了 5 次问卷调查。调查结果表明，对新鲜果蔬的需求以及增加对它们的食用在 5 次调查中均为最重要的动机。有 3 项调查显示，对当地产品生产商、中间商以及社区的支持是主要的原因；其余 2 项调查显示，公共关系分别为其第一或者第二动机（Battle，2009）。

五　农夫市集

农夫市集（Farmers' Market）的概念早在欧美流行已久，后来被世界各地的市集参与者所接受。“农夫”是市集中所交易产品的提供者，它是相对于“农民”这个称呼而言的，前者这一称呼给人们带来耳目一新的感觉，能够避免人们对后者的诸多片面印象，如生产理念不够先进等。“市集”与传统意义上的“赶集”等类似，能够给人们带来热闹的感觉，简而言之，“农夫市集”的命名兼顾传统与创新。

一般来说，农夫市集不仅是单纯意义上的生产者与消费者在集市上面对面地进行交易，还包括基于互联网购物平台及线下实体店的绿色食品交易等，前一种类型的交易在整个交易系统中所占的比例较大。在农夫市集上，除了可以定时、定点进行商品交易外，还有一项重要的功能是绿色产品的生产者与消费者、潜在消费者之间的互动交流，在此过程中可以增进彼此之间的了解和信任，为市场份额的提升奠定良好的基础。

（一）农夫市集发展状况及特征

国内的农夫市集发展形成的时间较晚，市集往往是由消费者个人或志愿者自行发起形成，为了更好地理解它的发展状况及所具有的特征，以下从 11 个具体的方面对其经营或商业模式进行分析。

（1）销售产品类型：国内农夫市集主要销售蔬菜、水果等农产品，其他还有禽蛋、半加工产品或手工制作的食品，部分市集还设置售卖手工艺制品的摊位。

（2）消费者特征：高收入、高消费和高学历的女性是主要消费者。年龄以30～40岁为主，职业构成为全职主妇、城市白领和教师等，大多数消费者有国外生活经历，对食物质量与安全的要求较高，认为食品安全问题严重。

（3）重要伙伴：个人、社会企业、非营利组织、环保组织、生态环保人士等。

（4）市集业务：基本业务是提供消费者与生产者对接的平台；其他业务包含团体产地参访、讲座活动、食育、种植技术分享、午餐共食或与其他团体合作办活动。

（5）核心资源：人力资源包括生产者、志愿者与经营者，设施资源包含摊位、市集场地、空间设施、产品陈列等，信息资源包含微博等社交平台的推广、品牌特色营销活动、媒体报道等，市集还会结合传统文化、民俗、节庆举办特色活动。

（6）价值主张：支持乡村可持续发展，追求食品安全，建立生态小农与城市消费者之间的平等交易关系，鼓励更多农户从事生态农业，减少化肥和农药带来的环境污染，传递友善环境可持续的理念。

（7）消费者与农户的关系：除了消费者与农户在市集交易过程中的沟通交谈外，市集也通过举办各式各样有趣的活动来稳固和维护二者的关系，同时提升消费者对这一模式的认同感和信任度，使其优势得以充分发挥。

（8）渠道通路：借助各种社交平台如微博、抖音、微信等推送产品活动介绍，以达到活动预期的目的。除了在市集中销售盈利外，还通过线下门店等途径增加销量。

（9）客户细分：本地城市住户、农户等。

（10）成本结构：场地费用、工人薪资、线上与线下宣传费用等。

(11) 盈利来源：收取摊位费作为营运资金、市集实体店代售的收入、公益组织捐款、场地合作方支付的合作费用等。

（二）农夫市集的功能与价值

1. 农夫市集拥有的功能

农夫市集可以连接生产者和消费者，根据特定的社区形成社群，基于农夫市集的发展现状，从三个方面归纳其功能。

对于生产者来说，农夫市集可以使其种植本地化的蔬菜、水果等丰富的品种，跟客户分享相关的农业知识信息，通过交谈了解消费者的个人偏好，提高销售技能和种植利润，甚至扩大自己的客户群体与销售市场。生产者也借助农夫市集扩大自己的销量，促使全家成员共同生产，极大地拉近了成员之间的关系。若农夫市集可以顺利地进行下去，生产群体将能够拥有一份稳定而又持续的收入来源。

对于消费者来说，在农夫市集可以挑选购买到绿色、有机的本地果蔬、肉类，这一消费模式也变相支持本地经济的发展。消费者在与生产者交流沟通的过程中，可以对农产品的生产加工有一个更为清晰的认识和了解，在品尝美食的同时能够参与各种健康教育、环保知识普及活动。消费者不仅仅能够通过农夫市集购买农产品，更能够通过这一途径了解更多知识，有利于自己的健康及对环境更友善。

对于社区来说，农夫市集可以为本地消费者提供一个交流沟通的场所，增强消费者的代入感，使消费者拥有更高的认同感，形成一个具有更为相似的价值认同社群，支持本地农产品种植行业的发展，并通过开展小型商贸活动，激活本地经济。除此之外，农夫市集同时也能支持本地文化发展，带动地区手工业和创意市场的发展。

2. 农夫市集具有的价值

农夫市集的发展牵涉各个不同的利益主体，如农户、市集运营者、消费者等，其中大部分人存在地区差异并拥有极为不同的工作经历、文化背景，在对农夫市集这一模式的认可之下，可以从各自的角度出发分析这一模式，在不同的认知情况下谋求共识，共同商议解决农夫市集模式发展过程中面临的困难。

（1）核心价值：供应绿色、有机食品。一部分关心生态农业和“三农”问题的生产者、消费者以及志愿者共同发起成立农夫市集，通过构建这一平台，让从事农业生产的农户与消费者可以直接沟通联系，为消费者筛选出更为健康放心的产品。农夫市集的发起是为了让消费者得到放心、安全的产品，消费者可以在与生产者交谈的过程中了解食品的生产加工流程和安全性。

（2）经济价值：助力生产者处理销路困难、利润微薄难题。农夫市集模式为农户提供了一种解决上述难题的方式，使之脱离中间商的压价、商超的层层检验过程，极大地降低生产者成本。一方面消费者能够享受到绿色、有机食品；另一方面生产者取得了实实在在的利润，给地区经济增添了新的活力。

（3）生态价值：保护周围生态环境，传播可持续发展理念。农夫市集的生产者普遍实行有机种植或者自然农法种植，种植过程尽量减少农药、化肥的使用，不仅能够减少对生态环境的污染，而且能以实际行动向消费者传达环保理念。

（三）农夫市集发展的现代困境

农夫市集所具有的三个方面的功能和三个方面的价值体现了其优势所在，是发展农夫市集的动力源泉。但它在实际运行过程中并不是一帆风顺的，存在薄弱的环节需要去克服，具体存在的问题可以概括为四点。第一，农夫市集的理念普及度还不是太高，消费者对其接受程度相对较低，加之农夫市集的运营成本较高，造成部分农夫市集在经历短暂的一阵良好运行后陷入经营的困境，这需要政府、农夫市集发起者、产品提供者、消费者等多方共同努力去改变这一状况，关键在于理念的传播和接受度、信任度的提高；第二，农夫市集中所提供的农产品大多数是由分散在农夫市集周边的中小型农户生产的，规模相对有限，不能很好地产生规模效应，示范引领作用不能够很好地得到发挥；第三，农夫市集大多数是由志愿者和消费者组成的团体联合自发成立的，其存在固有缺陷，农夫市集的运营经验不足，商业化的销售能力不足；第四，农夫市集在发展过程中，在食品质量与安全保障方面，通常从培养消费者与生产者之间的信任出发，通过参与式保障体系进行监管，约束力不强，此外还受到电商提供同类、同等质量、同等安全的产品，瓜分相应市场份额的冲击，分散了已有的消费者群体，导致农夫市集的发展进一步受到限制（常原境，2019）。

第四章　替代性食物体系中消费者信任的现状与结构

面对严重的农业环境污染和食品安全问题，替代性食物体系能够较好地解决消费者寻找安全农产品的需要，缓解农业环境污染，因此，以社区支持农业和农夫市集为主要形式的替代性食物体系在我国北京、上海等大城市出现并获得了蓬勃发展。本章从理论上阐明，在我国独特的社会信任环境下，替代性食物体系中的消费者信任从哪里来，结构是什么，如何形成。在此基础上，通过问卷调查进一步分析我国替代性食物体系中消费者信任的现状、来源以及结构，并与主流食物体系中绿色产品的消费者信任的来源、结构进行比较分析。

一　消费者信任的现状

随着环境污染日益严重和食品安全问题频发，尽管以社区支持农业和农夫市集为主要形式的替代性食物体系在我国北京、上海等大城市出现并获得了蓬勃发展，为家庭提供了绿色产品，成为“加强资源保护和生态修复，推动农业绿色发展”的新生力量，但是，与主流食物体系中绿色产品主要依靠第三方认证建立消费者的信任不同，替代性食物体系中绿色产品的生产者是中小农户，无力支付昂贵的第三方认证费用。而且相对于普通产品，绿色产品包含更多的信息，客观上增加了消费者辨别的难度，提高了信息不对称的程度，再加之市场上“漂绿”现象频发，造成了绿色产品市场中的消费者主体对其信任有限，情绪不太高，导致了“矛盾体”的产生。消费者对绿色产品的购买能力和购买欲望都很强，但是由于对绿色产品的信任度不太高，上述购买欲望并不能最终转化为实际的购买力，造成绿色产品市场发展滞后。鉴于此，本章运用问卷调查法，基于消费者对食品安全的关注与认知情况，对目前消费者对食品安全的社会信任水平进行分析。

（一）消费者信任的概念界定

“信任”一词最早由德国社会学家齐美尔提出并应用，他认为信任是“社会中最重要的综合力量之一”。之后，信任问题在心理学、社会学、经济学、管理学、营销学等不同领域成为学者们研究的热点，不同学术领域的学者从不同的学科视角，对信任的定义、分类、维度、建立机制都有不同的观点，但是对于信任的概念一直没有形成一个统一的定义。

根据当前各个领域比较权威的定义，关于信任的侧重点和研究对象都不尽相同。在心理学领域，信任被认为是人格特征和人际现象，主要关注人际信任；在社会学领域，信任被认为是具有结构性的，是与社会结构、文化紧密相关的社会现象；在经济学领域，学者们多将信任概括为理性选择的结果，把信任分为理性信任和情感信任，认为信任是一种经济性的行为，是理性行为人对掌握的信息进行“成本－收益”的全面计算，在符合自身利益最大化的情况下，做出是否给予对方信任的选择；在管理学领域，对信任的研究则主要是集中在企业组织中的人际信任方面，信任被认为能够带来较高的顾客满意度，降低企业的交易成本。

信任的存在是消费者信任形成的前提，消费者信任是信任应用到营销学领域中形成的一个概念，随着关系营销学的兴起，消费者信任逐渐受到学者和管理者的重视，他们在食品消费、服务行业、网上购物等领域开展对消费者信任的研究。消费者信任通常被定义为一种信念、预期和意愿，表现为对食品安全、服务和商品质量以及交易伙伴的信任。

在现有文献中关于消费者信任的研究也有诸多的描述，如在消费过程中信任某人，则意味着认为对方在与自己进行交易合作时会实施一种对自己有益的或者至少不会造成损害的行为。信任是一种愿意依赖交易伙伴的意愿和信心（Blau et al.，1964；Rotor and Smith，1967；Moorman et al.，1992）；消费者信任是消费者对其交易伙伴有信心并且持有对其依赖的意愿（Crosby et al.，1990；Kantsperger and Kunz，2010）。

综合已有文献，本书认为，消费者信任是一种心理预期，这种预期是有方向的，即正面或者负面的，它产生于产品市场中，是消费者对于产品生产者能否按照既定标准或承诺来履行生产过程的一种评价。从上述论断可以看出，一是消费者信任只是代表了消费者的一种态度，并不与实际购买行为等同；二是因为预期具有不确定性，故存在一定程度的风险；三是消费者信任能够发挥将认知简单化的作用；四是消费者信任是对整个产品的生产、流通、消费等过程及其参与者的一个正面预期。

根据以上消费者信任的含义，消费者信任在不同层次与交易对象进行互动的关系上表现为如下三种，反映出消费者信任的形成和发展具有阶段性。

一是基于个体的信任。这种信任是根据合同和契约等中介形式形成的短暂的、浅层次的联系，在消费者和生产经营者彼此不熟识时，消费者大多会根据商品的个体特征来确定是否建立信任关系，是消费者信任形成的初始阶段。消费者大多也会根据自身的个体特征来选购商品，如年龄、性别、家庭收入情况、受教育程度等消费者的个体特征会对消费者信任产生影响。

二是基于认知的信任。这种信任通过行为人之间的长期互动过程，掌握更多的个体信息和经营状况，伴随对他人的了解而发展，双方能够凭借获取到的信息和交易经验来判断对方值不值得信赖，这种信任超越其他的中介形式而信任对方的品性，能够形成长久稳定的关系。消费者的个人态度、价值观和对产品知识的掌握情况都属于这个维度。

三是基于制度的信任。制度对于信任的形成在客观上具有一定的促进作用，一种好的制度，能够约束人们的行为，降低道德风险，增强人们的安全感和幸福感。对于绿色、有机农产品市场来说，除了国家市场监管部门设定质量标准外，还可以通过第三方认证的方式去制定相关的标准，多措并举，为增强消费者的信任奠定制度层面的基础。

（二）消费者信任问卷的设计与样本描述

1. 替代性食物体系下消费者信任问卷的设计

近年来，食品供应链中涌现出了一些食品质量和安全问题，引发了人们对食品安全的巨大担忧，尽管国家在政策法规和监管层面采取了一系列治理措施，但食品安全事件依旧层出不穷。这虽然引发了社区支持农业、农夫市集等替代性食物体系的兴起，同时也导致了人们对这种新的食物供应体系的不信任。本部分在前期调研的基础上，根据消费者信任的概念界定和形成阶段，设计信任量表，以社区支持农业为例，将消费者分为当前消费者、潜在消费者、社会公众三类进行调查，了解当前人们对替代性食物体系的信任度或信任状况。

问卷第一部分对消费者是不是当前消费者、潜在消费者、社会公众进行筛选，问题设置为“您是否了解并参与替代性食物体系，如社区支持农业、农夫市集等”，选项分别为：A. 了解并参与；B. 了解但没有参与；C. 不了解。将选择对应选项的消费者分别确定为当前消费者、潜在消费者和社会公众。

问卷第二部分对消费者基本情况进行调查，涉及性别、年龄、职业、受教育程度、家庭月收入等统计变量。其中，性别分为男性、女性两个类别；年龄分为 18 岁及以下、19～29 岁、30～39 岁、40～49 岁、50～59 岁、60 岁及以上等 6 个阶段；职业分为工农人员、公司职员、公务员、学生、企业经营管理者、教师和科研人员、其他等 7 个类别；受教育程度分为高中以下、高中/中专、大专、本科、硕士及以上等 5 个阶段；家庭月收入分为10000元以下、10000~20000元、20000~30000元、30000~40000元、40000元及以上等5个类别。

问卷第三部分采用量表的形式对消费者信任现状进行相关调查，根据消费者信任的多维度，调查问卷内容包括消费者对当前食品安全的信任情况、对替代性食物体系的关注和参与、对社区支持农业模式中提供的绿色产品的信任度、对社区支持农业模式中生产者的信任度，以及对当前制度环境的信任度，即对相关机构监管作用的信任度等5个方面。问卷第三部分中各测量题项均采用广泛使用的李克特（Likert）5级量表，5表示完全同意，4表示比较同意，3表示不清楚，2表示比较不同意，1表示完全不同意。问卷在相关理论和文献的基础上形成，同时在正式调查前进行了预调查，对一些不甚合理的题项进行了修订，因此问卷具有良好的信度和效度。

2. 样本描述

本次调研主要通过两种方式发放问卷，即问卷星网络问卷和转发朋友圈。问卷共发放1000份，回收956份，经过筛选删除不符合本研究调查对象的问卷和无效问卷，共获得有效问卷924份，有效回收率达到96.7%。样本的人口统计变量的描述性统计见表4-1。

表4-1　人口统计变量的描述性统计

人口统计变量	指标	样本量（个）	占比（%）	累计占比（%）
性别	男	382	41.3	41.3
	女	542	58.7	100
年龄	18岁及以下	29	3.1	3.1
	19~29岁	121	13.1	16.2
	30~39岁	281	30.4	46.6
	40~49岁	334	36.1	82.7
	50~59岁	112	12.1	94.8
	60岁及以上	47	5.1	100

续表

人口统计变量	指标	样本量（个）	占比（%）	累计占比（%）
职业	工农人员	68	7.4	7.4
	公司职员	228	24.7	32.1
	公务员	132	14.3	46.4
	学生	105	11.4	57.8
	企业经营管理者	124	13.4	71.2
	教师和科研人员	216	23.4	94.6
	其他	51	5.5	100
受教育程度	高中以下	59	6.4	6.4
	高中/中专	121	13.1	19.5
	大专	145	15.7	35.2
	本科	291	31.5	66.7
	硕士及以上	308	33.3	100
家庭月收入	10000 元以下	114	12.3	12.3
	10000～20000 元	167	18.1	30.4
	20000～30000 元	208	22.5	52.9
	30000～40000 元	214	23.2	76.1
	40000 元及以上	221	23.9	100

根据表 4－1，通过对样本的人口统计变量分析可以看出，在性别方面，男性数量为 382 人，女性数量为 542 人，在本次的问卷调查中，男性的数量明显小于女性的数量，这可能与我国家庭的实际情况有关。目前在我国的家庭结构中，一般女性会承担更多的家务劳动，尤其是在饮食和日常生活用品的购买方面，女性往往比男性关注的更多。

在年龄方面，参与问卷调查的人群多集中在 30～39 岁、40～49 岁这两个年龄段，分别占参与问卷调查总人数的 30.4% 和 36.1%，主要原因可能在于这两个年龄段的群体大都已经成家立业，需要对家庭的日常饮食负责，而且相对于其他年龄段的群体，该群体更容易接受与日常生活相关的问卷调查。

在职业方面，参与问卷调查的人群中公司职员最多，其次是教师和科研人员，分别占参与问卷调查总人数的 24.7% 和 23.4%。这两类人员在工作中容易接触各类人群，相比较于其他职业的人员，他们更愿意接受他人的建议和新事物对生活的改变。

在受教育程度方面，参与问卷调查的人群多集中在本科、硕士及以上这两个层次，分别占参与问卷调查总人数的31.5%和33.3%，主要原因可能在于学历高的群体更容易探索并接受新鲜事物对自身生活的改变，而且个人对于新事物的认知也和自身的受教育程度有关，学历越高，对新事物的探索欲望越强烈。

在家庭月收入方面，家庭月收入在10000元以下的群体占调查样本总人数的12.3%，在10000~20000元的占调查样本总人数的18.1%，在20000~30000元的占调查样本总人数的22.5%，在30000~40000元的占调查样本总人数的23.2%，在40000元及以上的占调查样本总人数的23.9%。这比较容易理解，财务自由意味着消费的自由。

（三）问卷调查结果分析

1. 我国消费者对当前食品安全的信任情况

在食品领域，信任主要表现为消费者对食品的生产环节和中间环节信息真实性的态度。因此，消费者是食品安全信任关系中的主体，而食品和食品生产者则是被信任的对象。为了直观了解当前我国消费者对食品安全的社会信任水平，问卷围绕当前食品安全问题对我国消费者进行了调查。测量题项见表4-2。

表4-2 我国消费者对食品安全信任情况的测量量表

测量题项	均值	标准差	α系数
我在日常生活中听到或遇到过食品安全事件	3.98	0.318	0.89
我认为当前食品安全的信任问题很严重	4.02	0.281	
我认为当前的食品生产企业缺乏监管	3.87	0.354	
我认为当前的政府监管体系不能保证食品安全	4.17	0.275	

为了方便调查结果的分析，表4-2中设计的测量题项的分值越高，说明我国当前食品领域的信任问题越严重。每一个测量题项的均值表示参与问卷调查的消费者在该题项的平均得分，标准差则反映了各个得分偏离均值的离散程度。α 系数即克隆巴赫系数（Cronbach's Alpha），是用来进行数据信度检验的指标，检验测量数据内部是否具有一致性，即数据的测量结果是否可靠。本调查的 α 系数为0.89，表明问卷信度较高，数据内部一致性较好，数据的测量结果比较可靠。

根据表4-2，前两个测量题项反映了消费者是否对当前我国食品安全信任，其得分均值分别为3.98分和4.02分，说明多数消费者在日常生活中听到或遇到过食品安全事件，对于当前我国食品安全的信任堪忧，这在很大程度上降低了消费者对食品安全的社会信任水平。后两个测量题项反映了消费者对我国政府监管部门的信任情况，其得分均值分别为3.87分和4.17分，说明我国当前的食品生产企业缺乏监管，多数消费者对政府监管部门有效监管食品安全问题也没有足够的信心，这也在一定程度上降低了消费者对食品安全的社会信任水平。

综上所述，当前，在我国的食品消费市场中，大多数的消费者对食品安全是非常关心的，但持有的态度是负面的，不信任的人数较多。这可能与食品安全监管力度稍显不足、部分食品生产企业为了追逐利益放弃了安全生产的底线等因素相关。

2. 我国消费者对替代性食物体系的关注和参与

近年来，随着食品安全问题频发，以社区支持农业和农夫市集为主要形式的替代性食物体系在我国北京、上海等大城市出现并获得了蓬勃发展。我国的消费者对替代性食物体系的关注度和参与度究竟如何？就此，问卷对消费者的关注和参与情况进行了调查。

图4-1的调查结果显示，虽然替代性食物体系为消费者提供了有机、健康、绿色的食品，满足了消费者对健康生活方式的需求，但是我国消费者对替代性食物体系的关注度和参与度不高。对于问题“您是否

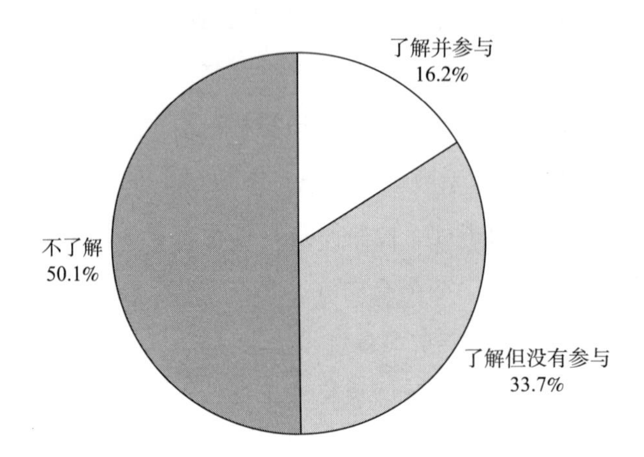

图 4－1　我国消费者对替代性食物体系的关注和参与情况

了解并参与替代性食物体系，如社区支持农业、农夫市集等”，选择“了解并参与”的仅为 16.2%，选择“了解但没有参与”的为 33.7%，选择“不了解”的为 50.1%。这说明消费者虽然对食品安全的关注度高，并且大部分持有不信任的态度，但缺乏从行动上解决问题的主动性，具体表现为，对社区支持农业、农夫市集等替代性食物体系的了解和关注度不够，参与其中的更是少部分群体。

3. 消费者对社区支持农业提供绿色产品的信任度

作为一种新的探寻食品安全的模式，社区支持农业逐渐进入人们的视野，它通过消费者支付定金，农场定期供应新鲜的食物来保证食物的安全，是一种生产者与消费者以信任为根本而建立起来的合作型农业发展模式。在当前消费者面对有机食品第一印象是不信任的情况下，消费者对社区支持农业提供绿色产品的信任度如何，本书对此进行了问卷调查，消费者对社区支持农业提供绿色产品的信任度基于消费者对绿色产品的了解，通过消费者对绿色产品的品质、新鲜度、口味和安全性等四个项目的信任度来衡量。测量题项见表 4－3。

表 4－3 我国消费者对绿色产品信任情况的测量量表

测量题项	均值	标准差	α 系数
GA1. 我认为农场的绿色产品相较普通食品更优质	2.21	0.383	0.73
GA2. 我认为农场的绿色产品相较普通食品更新鲜	3.41	0.431	
GA3. 我认为农场的绿色产品相较普通食品口味更优	1.98	0.521	
GA4. 我认为农场的绿色产品相较普通食品更安全	2.12	0.298	

从表 4－3 的整体得分情况来看，与普通食品相比，我国消费者对社区支持农业模式中农场提供的绿色产品的评价并不高，信任度相对较低。从单个测量题项来看，除了“我认为农场的绿色产品相较普通食品更新鲜”的得分（3.41 分）相对较高以外，其他几个测量题项的得分都比较低，尤其是“我认为农场的绿色产品相较普通食品口味更优”的得分最低，仅为 1.98 分。而每个测量题项对应的标准差较小，说明参与问卷的消费者给出的分值之间波动不大，偏离均值的离散程度较小，每个测量题项的均值都具有代表性。α 系数为 0.73，相对较小，可能与“我认为农场的绿色产品相较普通食品更新鲜”这一测量题项的得分相对较高有关，但也表明问卷的信度还可以，数据内部一致性相对较好，数据的测量结果相对比较可靠。

总之，我国消费者对社区支持农业模式中农场提供的绿色产品的信任度并不高，这可能与频频曝光的食品安全问题和食品行业内部的“潜规则”有关。而且，在现如今混乱的有机市场局面下，消费者虽然主观上愿意信任有机食品的健康、绿色，但是面对频繁发生的有机食品造假事件和“漂绿”现象，消费者对有机、绿色、健康等方面的宣传已经麻木。除此以外，更多的原因可能在于我国的大多数消费者对于社区支持农业、农夫市集等替代性食物体系并不熟悉，即便有些消费者已经了解并关注，但可能并没有参与其中。

在收回的问卷中，根据问卷的第一部分，按照消费者对替代性食物体系的关注度和参与度将消费者分为当前消费者、潜在消费者和社会公众，根据当前消费者、潜在消费者和社会公众将本部分的问卷进行了整理和汇总，结果见图4－2。

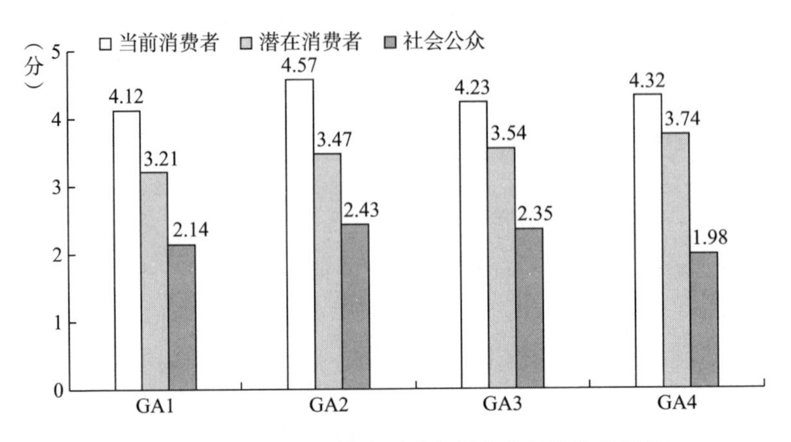

图4－2 我国不同消费者对农场绿色产品的信任情况

根据图4－2可以看出，不同类型的消费者对以上4个测量题项的评分是不一样的。总的来说，当前消费者对每个测量题项的平均评分都比较高，而社会公众对每个测量题项的平均评分都比较低，评分的高低反映出我国消费者对社区支持农业中农场绿色产品的信任情况。这也说明当前消费者由于了解并参与了社区支持农业项目，对这一新的替代性食物体系有了充分的关注和参与，因此对农场绿色产品具有较高的信任度，但是，毕竟当前消费者在消费者群体中仅占有相当小的比例（16.2%），另外83.8%的消费者对社区支持农业项目因为不参与或不了解，所以对它具有较低的信任度，进而整体来看，我国消费者对农场绿色产品处于低信任度的状态。

4. 消费者对社区支持农业模式中生产者的信任度

作为一种新兴的合作型农业生产模式，社区支持农业注重的是生产者与消费者互惠互利，消费者需要提前支付购买费用，而且价格可能要高于同样的普通食物，生产者则需要按时为消费者提供新鲜、健康的食物。那么在这种模式下，消费者对农场生产者的信任度如何，本书对此进行了问卷调查。消费者对生产者的信任度通过以下5个项目来衡量：一是社区支持农业模式中农场有能力保证农产品的安全；二是社区支持农业模式中农场承诺提供的农产品安全，并遵守承诺；三是社区支持农业模式中农场关心会员的食品安全和健康；四是社区支持农业模式中农场提供的农产品是安全可靠的；五是社区支持农业模式中农场会如实告知会员在农产品生产中潜在的食品安全问题。测量题项见表4-4。

表4-4 我国消费者对生产者信任情况的测量量表

测量题项	均值	标准差	α系数
GP1. 我认为农场有能力保证农产品的安全	2.21	0.323	0.92
GP2. 我认为农场承诺提供的农产品安全并遵守承诺	2.02	0.283	
GP3. 我认为农场关心会员的食品安全和健康	1.98	0.319	
GP4. 我认为农场提供的农产品是安全可靠的	2.12	0.402	
GP5. 我认为农场会如实告知会员在农产品生产中潜在的食品安全问题	1.86	0.325	

从表4-4的整体得分情况来看，我国消费者对社区支持农业模式中农场生产者的信任度偏低，而且α系数为0.92，说明问卷的信度很高，数据内部一致性很好，数据的测量结果比较可靠，每一个测量题项的标准差也说明该测量题项的均值具有代表性，能够代表该测量题项的得分。可能的原因在于社区支持农业模式在我国起步较晚，于2008年才真正建立起第一家社区支持农业项目，尽管其核心理念是绿色、健康、互惠互利，但是当大多数的消费者对它不了解的时候，尤其是对社区支持农业中农产品的生产环境、生产过程并不十分了解的时候，可能就不认同该种生产模式，往往会持不信任的态度。由于有机行业目前存在各种问题，有机食品市场中的消费者虽然对该类产品并不排斥，但是已经基本形成了不信任的惯性思维，同样地，当面对新兴的社区支持农业时，消费者很容易产生类似的心理，对有机食品不信任的态度会进行迁移，从而对

社区支持农业持不信任的态度。

根据当前消费者、潜在消费者和社会公众三类不同消费者对本部分的问卷进行了整理和汇总，结果见图4－3。

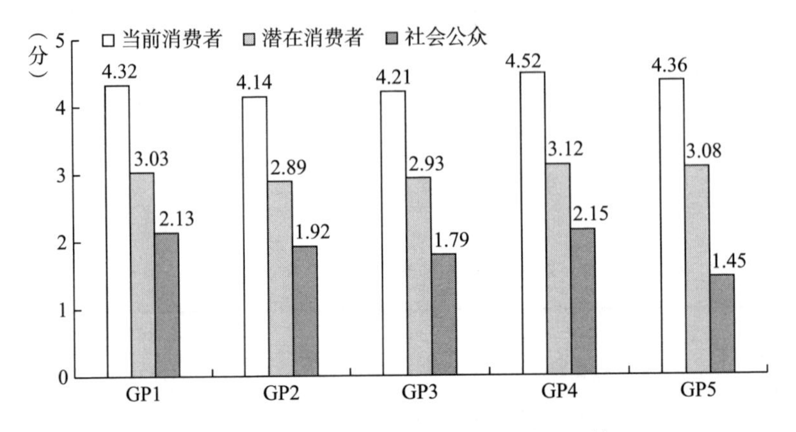

图4－3 我国不同消费者对生产者的信任情况

从图4－3可以看出，我国不同消费者对生产者的信任情况与对农场中绿色产品的信任情况几乎是一致的，当前消费者对农场生产者的信任度较高，而潜在消费者和社会公众对农场生产者的信任度较低，所以，我国消费者对农场生产者的整体信任度不高。

5. 消费者对相关机构监管作用的信任度

消费者的食物选择受多种因素的影响，这些因素不仅有来自食物自身方面的，还有来自非食物自身方面的，如外在的环境、社会因素等，因此，消费者对食品安全的信任不仅表现为消费者对与食物相关的各主体的信任，也有对公共机构的风险控制能力的信任。公共机构主要包括政府相关部门、新闻媒体、第三方认证机构、消费者协会、食品行业协会等。消费者对相关机构监管作用的信任度如何，本书对此进行了问卷调查，相应的测量题项见表4－5。

表 4－5 我国消费者对相关机构监管作用信任情况的测量量表

测量题项	均值	标准差	α 系数
GS1. 我信任政府相关部门的监管作用	2.08	0.382	0.89
GS2. 我信任新闻媒体的监管作用	3.16	0.432	
GS3. 我信任第三方认证机构的监管作用	3.04	0.392	
GS4. 我信任消费者协会的监管作用	2.82	0.293	
GS5. 我信任食品行业协会的监管作用	2.19	0.322	

从表 4－5 各个测量题项的平均得分来看，我国消费者对相关机构监管作用的信任度并不高，α 系数为 0.89，说明问卷信度较高，数据内部一致性较好，数据的测量结果比较可靠，每一个测量题项的标准差也说明该测量题项的均值具有代表性，能够代表该测量题项的得分。通过比较消费者对不同机构的信任度可以发现，我国消费者对新闻媒体监管作用的信任度最高（平均得分为 3.16 分），其次是对第三方认证机构监管作用的信任度，而对政府相关部门监管作用的信任度最低，平均得分为 2.08 分，对于消费者协会和食品行业协会监管作用的信任度居中。之所以出现如此现象，原因可能在于我国出现的诸多食品安全事件总是由新闻媒体最先披露，而政府相关部门随后跟进处罚。这反映出在食品安全监管中政府总处于被动地位或角色缺位，给消费者带来政府不主动作为的假象，加强了消费者对政府相关部门监管作用的不信任感。

同样地，根据当前消费者、潜在消费者和社会公众三类不同消费者对本部分的问卷进行了整理和汇总，结果见图 4－4。

由图 4－4 可以看出，我国不同类型的消费者对以上 5 个测量题项的评分是不一样的，反映出不同类型的消费者对不同机构监管作用的信任度是不同的，这与前面几个部分的调查结果是一致的。不同的地方在于，社会公众对不同机构监管作用的信任度最高，高于潜在消费者和当前消费者，而当前消费者对不同机构监管作用的信任度最低。可能的原因在于，随着各类食品安全事件的频发，如使用苏丹红、三聚氰胺、地沟油、

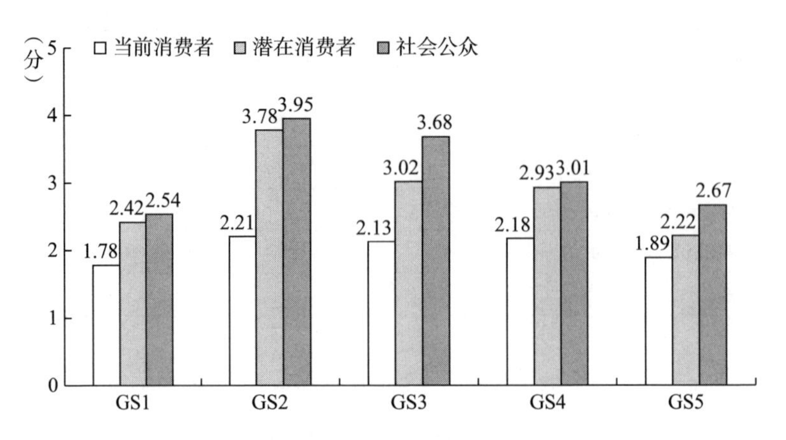

图 4－4　我国不同消费者对相关机构监管作用的信任情况

漂白剂等充满化学味道有害健康的食物充斥着消费者的日常生活，尽管政府相关部门加大了监管力度，国内最权威的主流媒体也加大了报道力度，但是监管的效果与消费者的主观感受之间存在巨大的认知鸿沟。一些消费者开始寻求食物自保途径，如参与到替代性食物体系中的当前消费者，而大部分的消费者，如社会公众，尽管对相关机构监管作用的信任度不高，但仍然寄希望于相关机构的监管。

在对消费者信任概念界定的基础上，将替代性食物体系下消费者信任分不同维度进行了问卷调查，根据问卷调查的结果，关于当前我国替代性食物体系下消费者信任的现状有以下结论。

（1）消费者对当前我国食品安全的社会信任度偏低，但是了解并参与替代性食物体系的消费者的比例仅为 16.2%，了解但没有参与、不了解的消费者的比例分别为 33.7% 和 50.1%，相应的消费者群体分别为当前消费者、潜在消费者和社会公众。

（2）消费者对社区支持农业模式中农场提供的绿色产品的总体评价并不高，信任度相对较低。从不同类型的消费者来看，当前消费者对它的信任度最高，潜在消费者次之，社会公众对它的信任度最低。

（3）消费者对社区支持农业模式中农场生产者的总体信任度偏低。

从不同类型的消费者来看，和对绿色产品的信任度一致，当前消费者对生产者的信任度最高，潜在消费者次之，社会公众对生产者的信任度最低。

（4）我国消费者对相关机构监管作用的信任度不高。从不同类型的消费者来看，社会公众对它的信任度最高，潜在消费者次之，当前消费者对它的信任度最低。

总之，频发的食品安全事件导致我国消费者对于当前的食品安全产生严重的信任危机，消费者食品安全信任度的降低不仅会对食品行业的发展有严重的影响，也会引发一系列的社会问题，因此，进一步剖析消费者信任的来源，进而重建消费者食品安全信任关系至关重要。

二 消费者信任的影响因素及来源

本部分以我国典型的社区支持农业、农夫市集为实例，分析消费者信任主要来自信息、制度、生产者、文化中的哪几种，以及这几种来源之间的关系，并将之与我国主流食物体系中绿色产品的消费者信任进行对比。

（一）消费者信任的影响因素

作为一个广泛存在于各个领域的概念，消费者信任会受到不同因素的影响，具体到营销学上，就食品领域来说，消费者信任主要来源于食品市场的两大主体，即食品的生产者和食品的消费者，其中前者是信任的受信方，后者是信任的施信方，消费者信任具体产生于受信方和施信方在产品市场的交易过程之中。由于交易的不确定性，再加之消费者信任本身是具有很强的主观性的概念，其本质是对客观现实的反映。食物从生产、流通到消费任一环节均有可能出现食品安全问题，在此过程中，信息、制度、生产者、文化等均会影响消费者信任的形成。

1. 信息因素

由于食品既具有经验品又具有信任品的特征，信息不对称是食品安全要素固有的品质特性（Caswell and Padberg，1992），食品安全问题产生的根源是信息不对称（Arrow，1996）。信息的质量和数量通过影响消费者的感知风险，最终影响消费者信任（Bredahl，2001）。同时，由食品加工新工艺带来的“无知”风险，使得信息即使对称也不能保证信息完全。在不对称、不完全信息的情况下，消费者明显处于劣势的一方，食品行业所面临的消费者食品安全信任危机主要是由一系列的食品安全事件引发的，其发生的根源主要是个别厂商在利益驱动下的“无良”行为，即不对称、不完全信息。但是，现有文献关于信息对消费者信任的影响方向是正还是负，抑或是具有不确定性，并没有一致的研究结论。

在绿色产品市场中，生产者和消费者之间存在一定程度上的信息不对称，导致彼此之间信任问题的产生。绿色产品的生产者为了销售产品、扩大市场份额，会向消费者有针对性地传递积极的信号，能够降低消费者的信息搜寻成本，缓解彼此间的信息不对称问题，增强相互之间的信任度。以上是比较理想的市场反馈机制，市场通过发送信号自发地缓解食品市场上信息不对称问题，并通过自我调节获得消费者信任。虽然发送的信号可以有效地解决食品市场上信息不对称问题，但前提是消费者接收到的信息必须是真实有效的，否则消费者信任也是难以建立的。

2. 制度因素

消费者信任是一种理性计算的结果，这种计算与消费者所处的环境和制度紧密相关（Rose，2001）。消费者信任这一看似有着很强主观性的态度，本质上却是对客观现实的反映。在现代社会，专家系统、新闻媒介、专业技术机构、行业协会、政府相关部门等已经成为人们生活中必不可少的信息来源。消费者在进行食品购买时，对食品的信任实质上与制度相关。主流食物体系中的第三方认证和替代性食物体系中的参与式认证都是重要的制度。

市场通过自我调节将产品的有关信息真实有效地传递给消费者，这只是比较理想的市场传递机制，现实场景中的情况则更为复杂，尤其是食品领域，以安徽的“毒奶粉”事件和三鹿的“三聚氰胺”事件为例，频发的食品安全事件引起了消费者对食品安全的恐慌和焦虑情绪，导致了食品安全领域的信任问题尤其严重。在这种情况下，消费者认为政府部门或者其他市场规范性机构的介入，制定和实行公平的交易规则并保证交易有法有据可依，可以相对有效地解决食品市场的失灵问题。实际情况也是如此，政府监管部门的介入，在打击食品生产违法行为、保证食品行业健康有序发展方面起到了一定的积极作用。

但是，面对日益凸显的社会转型期交易风险，以及不断爆发的食品安全事件，再加之政府在食品安全信息自发性披露方面存在的诸多问题，政府提供的信息的权威性和真实性以及政府的监管能力均遭到了质疑，如信息披露的方式具有很大的随意性、具有选择性地披露信息、信息披露内容不完整且内容空洞、多披露正面信息且缺乏数据等。传统的政府部门越来越难以担负食品领域的监管重任，需要第三方机构参与其中。第三方机构不代表生产者和消费者任意一方的利益，其认证结果相对客观，它们可以弥补消费者对食品生产过程知识的缺乏，同样承担起建立信任和降低风险的重要责任。认证制度不仅仅是对企业生产过程进行评价，更是一种对企业的社会责任的评价。不管是来自政府相关主管部门的认证，还是来自第三方机构的认证，都具有一定的约束力，尤其是前者的认证可以作为一项制度去约束产品市场中的生产者。一般认为，制度环境的信任度越高，就越能够促进消费者信任的形成；而制度环境的信任度越低，就越会阻碍消费者信任的形成。

3. 生产者因素

现有研究表明，消费者信任除了来源于信息和制度两个因素以外，还来源于食品的供应方——生产者，消费者对生产者的信任主要受两个关键因素的影响。一是生产者值得信任的特征因素。如果生产者能够给消费者带来正向的认知，那么信任关系则更可能建立（Yeung and Yee，2002）。二是生产者与消费者的共享特征因素。消费者与生产者特征因素的相似程度也会影响这种信任关系，消费者与生产者的价值观相似性越高，消费者对生产者的信任度也越高（Allum，2007）。

对于农产品来说，随着食品有关的生产和加工环节的分工，虽然消费者可以在任何时间购买到不同季节的食物，但是这种时间距离上越来越短的食品的生产和消费，带来的是食品链条的分割和食品供应链在空间上的延长，食品从田间到餐桌之间的空间距离越来越远，相应的信息也被“切成”不同的部分，消费者关于食品质量信息的不确定性不断增大，这种信息不对称越来越严重，生产经营者拥有的食品质量信息越来越多，消费者了解的信息则越来越少。在此过程中，消费者信任的建立除了需要依赖真实有效的食品信息以外，生产者表现出来的值得信任的品质也越来越重要。如果生产者能将自己的生产理念和值得信任的品质直接而有效地传递给消费者，并得到消费者的认同，将有利于促进消费者信任的形成。

4. 文化因素

现有文献指出，信任是由文化决定的（福山，2001）。信任的建立机制因文化差异而有所不同，并且随着时代的变迁而发展。Putnam（1993）、Pope 等（2003）研究认为，信任在不同的社会群体、不同的文化环境中，具体的表现结果差异较大，并且某一地区的信任水平高低和当地的文化结构密切相关。信任是一种历史文化现象（Peng et al.，1998）。Weber（1951）认为信任根据建立基础的不同，可以分为两种不同的类型，第一种是特殊信任，第二种是普遍信任，在剖析了两种不同类型的信任建立的基础、具体的表现形式之后，他还强调了中国人的信任属于第一种类型，即只信赖和自己有私人关系的他人，而不信任外人，中国社会中诚信的缺乏根源于中国文化的特点。福山（2001）也指出，由于文化的差异，不同国家的信任度之间的差异非常大。

我国当前正处于从农业社会向现代工业社会转型的过程中，原有的社会秩序被瓦解，新的制度体系暂未完整地建立，与之前传统的“熟人”社会相比，现代社会越来越多地表现出“陌生人”社会的典型特征。在现代“陌生人”社会里，生活内容不断丰富，生活场景频繁更迭，生活结果难以预期，现代社会充满了不确定性、多元化和风险。而且随着经济的快速发展和全球化的影响，文化的传承和发展出现了明显的断层和缺失，在多元化的环境下人们的性格和爱好也呈现多元化的发展，客观上拉开了人与人之间的距离，使人与人之间的交流产生了一定的困难，从陌生到熟悉再到信任的过程所需要花费的时间明显增加，信任建立的难度更大，不利于整个社会中信任体系的建立和完善。这同时说明了文化也是影响信任建立的因素。

（二）消费者信任的来源

1. 社区支持农业模式下消费者信任的来源

社区支持农业（CSA）是替代性食物体系的一种实践形式，是一种新兴的农业生产模式，又被称为社区互助农业、社区协力农业、社群支持农业。作为一种新的农产品供应体系，它采取农产品直销的方式：消费者通过支付预付款，根据自己的需求向农场订购一定量的农产品，农场则承诺为消费者定期供应新鲜安全的农产品。同时，它又是一种本地化的食物生产与消费模式，强调有机的和环境友好的耕作方式。对于社区支持农业模式来说，生产者多为单家农户，他们普遍认为，有机认证成本较高，过程又很复杂，而且消费者对认证过的食品标签大多也不信任。所以大多农户的农产品没有进行有机认证。那么在此模式下，生产者是如何建立消费者信任的呢？

陈卫平（2013）通过对四川安龙村高家农户的个案研究，探索了生产者如何建立消费者食品信任的理论模型。成都市推广了一种对环境友好，能够实现无污染、节约的新型闭合循环的农户生态家园模式，高家农户是当时村里最早响应的5家农户之一。

通过对跟踪观察高家农户、访谈生产者和消费者以及收集二手资料所获得的数据进行分析，总结出高家农户作为生产者通过五个途径来建立消费者的食品信任，这些途径是生产者为了提高消费者的信任度而做出的具体实践。

一是农场生产者的关怀理念。关怀理念体现在各个方面，它不仅体现在对大自然，例如土地、水和生物多样性的关怀上，对消费者的食品安全和健康的关怀上，也体现在对生产者自身健康的关怀上，以达到人与自然的和谐发展。根据社会认同理论，个人与组织相关联的一些因素会影响个人对群体的识别。消费者感知到农场生产者的关怀理念时会认为自己与农场生产者具有相似性，从而倾向于判断农场生产者的意图是友好的，农场生产者由此获得消费者的信任。

二是开放的生产方式。高家农户在实际生产经营过程中实行了开放的生产方式，这样做的优点是可以让消费者通过实地考察农户的生产过程获得真实的信息，真实的信息对于食品信任的建立具有积极效应；与此同时，开放的生产方式自然也形成对生产者生产的多方监管，在一定程度上产品的生产过程符合消费者的预期，由此获得消费者的信任。

三是与消费者的频繁互动。高家农户除了邀请消费者来安龙村实地考察以外，还通过面对面、电话、手机短信、邮件等方式与消费者沟通，举办各种活动，如“城乡交流会”“新米品尝会”等，提高消费者的参与度；高家农户还十分重视发展核心消费者会员。互动与信息交换紧密相连，信息交换使得生产者与消费者可以相互了解，因此，消费者与生产者频繁互动提高了消费者的信任水平。

四是共享的第三方关系。信任关系可以从第三方介绍和从前的私人关系中发展出来，高家农户通过第三方介绍，即通过对生产者的所作所为进行口口相传来获得消费者的初步信任，并使消费者加入社区支持农业中来。适当的社会联系给农场生产者和消费者提供了一个互相深入了解的机会，促使双方之间的社会距离缩小，并增强彼此的感情。

五是高质量农产品的供应。应了解消费者的偏好，尽可能满足消费者多样化的需求，保证供应最新鲜和最好的食品，为消费者提供符合或超过其期望的高质量农产品。消费者在收到农产品后，在食用的过程中会与自己的心理预期做比较，当收到的产品较之以往在品质、口感等方面有改进时，消费者会提高对该类产品的满意度，因满意度对信任度有积极的影响，故一般而言，满意度的提升能够带来信任度的提升。

与此相类似，社区支持农业区别于传统食品供应体系的最大特点是，在更大程度上保证了消费者的参与。消费者可以通过在农场担当志愿者、加入核心小组、帮助农场的农事劳动、参加农场组织的各种活动等方式参与到农场的农事活动中。消费者参与农场的行为为人与人重新建立连接创造了一个重要途径，有助于消费者信任关系的培育。陈卫平（2015a）认为，除了实体参与社区支持农业的农场活动之外，消费者还可以通过社交媒体（如微信、微博、博客等）参与到社区支持农业农场的生产和服务过程中，农场能利用社交媒体和消费者进行产品和服务沟通，同时也为消费者提供了信息共享的平台；消费者也可以在社交媒体上浏览、沟通、评论、分享和创造信息，利用社交媒体与农场及其他消费者成员进行信息分享、情感交流与内容创作。通过对中国 7 家农场的 336 位消费者的样本进行数据分析，结果表明，消费者的实体参与和虚拟参与都会提升消费者对产品质量的感知，进而增进消费者对生产者的信任。

2. 农夫市集模式下消费者信任的来源

作为另外一种替代性食物体系的实践模式，农夫市集兴盛于食品安全危机最严重的时期。在全国都陷入信任危机的背景下，在食物生产端和消费端出现了一种基于追求安全食物的民间自保行为，形成了区别于主流食物体系渠道的替代性食物体系，其中，实践层面上的农夫市集、社区支持农业、巢状市场最具有代表性。以农夫市集为例，当前它的经营情况良好，在一定范围内有较高知名度的代表为北京有机农夫市集、上海农好农夫市集、广州城乡汇和香港中环农墟等。

在农夫市集模式下，消费者信任的来源主要表现在以下几个方面。

一是利用参与式保障体系（PGS）在生产端把关农户的准入。对于农夫市集本身而言，为消费者把关成为首要的任务。把关主要体现在准入机制和生产环节的定期与不定期监督方面，准备加入农夫市集的生产者提交“入门”申请后，农夫市集会组织由其他农友、消费者、志愿者、研究者以及专业人士组成的“专家团”实地考察农户的生产过程和生产环境，采取“人证 + 认证”的方式严格把关农户的准入。

二是在消费端建立平等但有区别的消费者食品安全信任关系。最初参加农夫市集活动的消费者为集友，在不断的多次交易过程中就会形成信任关系，最终成为农友，农夫市集以核心成员和农友为中心，信任度随着人际关系的向外扩散会逐渐递减。同时坚持在消费端进行分散与集中的消费者教育，通过持续不断的农场拜访活动、研究者针对具体问题的专业讲解和食物主题分享会、食谱分享等，直接推进消费者参与到食物的产销链条中，增加消费者的知识和辨别相关安全食品的信息量。

三是生产者与消费者参与多维度互动。比如，通过赶集，促成生产者、消费者在农夫市集的互动，为消费者节省大量的时间、精力，节省信息的搜索成本；而在每次赶集活动中，参加农夫市集的农友会在赶集现场与消费者分享可直接食用的农产品，果蔬类生产者往往会直接将食物与农友分享，并相互点评；而且赶集现场也是生产过程的“迁移”呈现，有助于消费者对生产过程有近距离的接触、直观的了解，会在一定程度上增强消费者对绿色食品的认知，提升对绿色产品生产者以及绿色产品本身的信任度。

四是消费者农场实地考察。在主流食物体系中被广泛认可的第三方认证在农夫市集内部的农友当中却遭受质疑，采取第三方有机认证的农友只是极少数，大部分采用的是民间的“人证”，即参与式保障体系，农场实地考察采取的是参与式保障体系而非第三方认证。通过这样的方式，消费者能更近距离地了解生产者和他们的生产方式，也是对农场的监督和考察。在这种参与式保障体系下，农夫市集和农友会主动发布生产信息，使生产过程和农产品信息更加透明化，降低消费者主动查询生产环节等信息的成本，同时也省却了消费者鉴定信息的成本，提高了消费者对生产者个人品质的信任。

在农夫市集模式下，除了赶集、消费者农场实地考察以外，基于信息技术革新的线上互动也越来越多。如基于信息交流的自媒体平台，即农夫市集负责运营的微博和微信公众号，主要负责发布和收集消费者信息，两者属于完全开放的自媒体平台，消费者通过关注微博或微信公众号便能及时获知农夫市集发布的信息；还有基于食品交易的互动平台——微店和淘宝店铺，消费者在通过这两种渠道购买食物时，可直接与农夫市集中的农友交流，针对价格、品质等关心的话题提出自己的想法。消费者通过不同的信息交流平台，可相对及时地关注食物生产信息、食物指标信息以及食物消费反馈等并与农夫市集中的农友交流。

从以上消费者信任建立的途径可以看出，首先在农夫市集模式下，生产过程和农产品的相关信息仍然是消费者信任至关重要的来源，不论是何种途径，都体现出信息的透明和真实有效是消费者信任的前提。其次是熟悉的人际关系，可以说农夫市集中熟人关系运作是消费者信任的保障，并形成了一个信任共同体，在信任共同体内部，各主体相互之间呈现经常性互动的状态。例如，在农夫市集中，消费者可以通过什么途径来获取所需要的信息呢？概括来讲，主要有三种方式，一是口碑传授，二是农夫市集宣传，三是第三方的信任度评估。对于第一种方式来讲，它是消费者信息获取的主要来源，发生在熟人之间，在很大程度上决定了消费者的信任态度；而另外两种方式，即农夫市集宣传和第三方的信任度评估则是农夫市集和农友主动发布的信息，尽管会影响消费者的态度，但对于消费者的信任并没有起到决定性的作用。

至于制度因素，由于有机认证费用较高，且并未得到多数消费者的认可，参加农夫市集的大多数小规模生产者并未进行第三方有机认证。对于农夫市集而言，它既是组织者，在很大程度上也是食物质量的责任承担者，农夫市集等组织除了起到对接生产者与消费者的作用以外，还为消费者购买的食物进行前置性监督考察，以保证食物的安全性。因此，农夫市集作为由熟人关系建立的信任共同体，本质上是一种非制度化的信任关系，基于熟人关系形成的食物产销关系在规模上表现出小众化特征，虽然没有相应制度和规则的约束和监督，但在信任度上高于常规的主流食物体系。

总之，在当前我国整体社会信任度较低的背景下，食品领域的信任问题尤其严重，消费者在海量的食品市场中面对形形色色的食品和产品说明时，盲目选择信任可能需要面临较大的风险，而先通过各种信息判断进而再选择信任则是一种相对保险的做法。因此，与食品相关的信息成为建立消费者信任的关键。不论是农夫市集还是社区支持农业模式，这些形式各样的新型食物生产消费组织采用食品短链的农业生产经营方式，都较大程度地强调了消费者自身的参与。消费者自身的参与可以加强与生产者、加工经营者之间的信息沟通，降低消费者和生产者搜寻对方信息的成本，不仅有效地解决了生产者与消费者之间的信息不对称问题，而且能够增加消费者的知识和辨别相关安全食品的信息量，进一步降低选择信任的风险，提高消费者的信任度。

三　消费者信任的结构及测量

本部分将消费者信任分为认知信任和情感信任两类，分析替代性食物体系中这两种信任的结构，并运用调查数据进行实证分析。

（一）消费者信任的结构

根据前面关于消费者信任概念的界定，消费者信任是消费者在与交易对象进行消费互动的过程中，对所购买的产品或服务以及交易对象的正面预期，认为所购买的产品或服务可以满足使用标准或者交易对象能够履行其承诺。关于消费者信任的结构，和消费者信任的概念一样，当前也还没有一个统一的分类标准，不同的学者从不同的角度对消费者信任进行了不同的分类。比较有代表性的是将它分为认知信任和情感信任两个类别。

Lewis 和 Weigert（1985）根据信任的产生过程将信任分为认知信任和情感信任，前者是在对他人可信程度进行理性考察的基础上形成的，后者是基于强烈的情感联系而产生的。认知信任是通过对外界环境的经验考察而产生的保障性信任，是消费者对被信任者在其所在的专业领域里所掌握的技术、人际关系和完成任务能力的信任度的反映。如消费者对消费对象和消费环境的评价和考量属于认知信任，而一旦消费者对所要互动的生产者、产品或服务产生认同感和归属感时，这种基于认知的信任会逐渐转化为一种情感信任。

在此基础上，McAllister（1995）将消费者信任分为两种，一种是建立在消费者对其交易对象的可靠性和可依赖性上的认知信任，另一种是建立在交易双方关系基础上的情感信任。他认为认知信任是建立在对交易对象拥有的包括正直、能力、善意和责任感等在内的这些值得依赖的品质充分了解的基础上的；而情感信任则是建立在人们之间的感情纽带之中，表现出对交易对方利益的关心，并通过良好的人际沟通从而形成心理上的依赖。一般来说，消费者情感信任是建立在认知信任的基础之上的，消费者认知信任是情感信任的前提，认知信任对情感信任存在正向的影响。

（二）消费者信任的测量

基于以上对消费者认知信任和情感信任的分析和理解，结合当前我国替代性食物体系的发展现状，本部分以社区支持农业模式为例，进一步分析替代性食物体系下消费者信任的结构，并根据对消费者认知信任与情感信任的问卷调查，获取在替代性食物体系下消费者信任的程度。

1. 消费者认知信任和情感信任的测量设计

认知信任是基于产品或服务的质量、商标、包装、信誉等因素而产生的一种感受。结合前面关于消费者信任现状的调查问卷，在社区支持农业模式下，从对自己选择的信任、对农场生产者的信任、对农场农产品的信任、对农场广告宣传的信任、对农场后期服务的信任等几个方面来进行测量，具体归结为三个类别，分别是对自我的认知信任、对农场农产品的认知信任、对农场生产者的认知信任，实际调查问卷选取了7个测量题项对本书研究中消费者的认知信任进行测量。调查问卷项目如下：我相信自己的选择是正确的；我相信农场中的农产品更安全更绿色；我相信农场中的农产品更新鲜更优质；我相信农场生产者是值得信任的；我相信农场生产者有能力保证农产品的安全；我相信农场承诺提供的农产品安全并遵守承诺；我相信农场关心会员的食品安全和健康。

情感信任是在消费者使用产品或享受服务等因素的基础上产生的信任，本部分从喜欢该品牌、关注新产品、认同感与归属感等方面进行测量，具体归结为三个类别，分别是对社区支持农业模式的情感信任、对农场农产品的情感信任、对农场生产者的情感信任，实际调查问卷选取了7个测量题项对本书研究中消费者的情感信任进行测量。调查问卷项目如下：我非常喜欢社区支持农业这一模式；我在农场购买农产品非常放心；我只购买农场提供的农产品；我时常关注农场提供的各种活动；我愿意和农场共担农业生产风险；我乐于参与农场举办的各种活动；我对农场有强烈的归属感。

表4-6汇总了在社区支持农业模式下消费者认知信任和情感信任的测量题项。

表4-6 消费者认知信任和情感信任的测量量表

测量变量		测量题项
认知信任	对自我的认知信任	我相信自己的选择是正确的
	对农场农产品的认知信任	我相信农场中的农产品更安全更绿色
		我相信农场中的农产品更新鲜更优质
	对农场生产者的认知信任	我相信农场生产者是值得信任的
		我相信农场生产者有能力保证农产品的安全
		我相信农场承诺提供的农产品安全并遵守承诺
		我相信农场关心会员的食品安全和健康
情感信任	对社区支持农业模式的情感信任	我非常喜欢社区支持农业这一模式
	对农场农产品的情感信任	我在农场购买农产品非常放心
		我只购买农场提供的农产品
		我时常关注农场提供的各种活动
	对农场生产者的情感信任	我愿意和农场共担农业生产风险
		我乐于参与农场举办的各种活动
		我对农场有强烈的归属感

2. 调查方案的实施和调查数据的处理方法

考虑到本次调查是一项关于消费者心理的调查，而且是对替代性食物体系更进一步的调查，参与问卷调查的对象需要对替代性食物体系非常了解，并且参与其中，因此，本次调查在选择调查对象时延续了前文关于当前我国消费者信任现状的调查办法。在所有的调查对象中，选择了替代性食物体系中“当前消费者”这一消费群体继续本次的调研，剔除了“潜在消费者”和“社会大众”这两类没有参与过替代性食物体系的消费群体。

本次调查共回收有效问卷924份，其中，了解并参与替代性食物体系的被调查者占16.2%，共150人，本次问卷调研又对这150人进行了进一步的问卷调查，在回收的143份问卷中剔除无效问卷11份，共获得有效问卷132份，有效回收率为92.3%。各测量题项均采用广泛使用的李克特7级量表，1表示强烈不同意，2表示完全不同意，3表示比较不同意，4表示不清楚，5表示比较同意，6表示完全同意，7表示强烈同意。

本研究依然采用SPSS统计软件对通过调查问卷收集到的数据进行处理，以分析在我国替代性食物体系下消费者认知信任和情感信任的现状以及两者的相关程度。具体进行以下数据分析。一是描述性统计分析。主要是对消费者的特征进行简单的数据统计，以及对各个测量题项收集到的数据进行整体描述。二是信度与效度分析。信度分析，即可靠性分析，信度是反映所调查数据质量的一个重要指标，主要反映在多次测量的情况下，测量本身是否稳定，即测量结果是否一致。效度分析，即分析测量结果与要考察内容的吻合度，效度表示问卷量表能够真正测量到它所要测量的能力或功能的程度。效度分析包括内容效度分析和结构效度分析，前者指调查问卷内容的代表性，后者是验证量表得分所代表的意义与所要测量的理论概念相符合的程度，通常采用因子分析法进行验证。三是分类汇总分析。在社区支持农业模式下，根据我国消费者的认知信任和情感信任的各测量题项的得分进行分类汇总，进而进行比较分析。

3. 问卷调查结果分析

（1）描述性统计分析。首先对回收的有效问卷进行了初步统计，得到了被调查者的一些基本情况，以及各个测量题项数据的整体特征。表4-7给出了本次调查问卷中消费者的人口统计变量特征，表4-8给出了各个测量题项数据的整体特征。

表4-7 人口统计变量的描述性统计

人口统计变量	指标	样本量（个）	占比（%）	累计占比（%）
性别	男	61	46.2	46.2
	女	71	53.8	100

续表

人口统计变量	指标	样本量（个）	占比（%）	累计占比（%）
年龄	18岁及以下	0	0	0
	19~29岁	19	14.4	14.4
	30~39岁	36	27.3	41.7
	40~49岁	44	33.3	75
	50~59岁	21	15.9	90.9
	60岁及以上	12	9.1	100
职业	工农人员	5	3.8	3.8
	公司职员	25	18.9	22.7
	公务员	30	22.7	45.4
	学生	0	0	45.4
	企业经营管理者	32	24.2	69.6
	教师和科研人员	29	22.0	91.6
	其他	11	8.3	100
受教育程度	高中以下	2	1.5	1.5
	高中/中专	13	9.8	11.3
	大专	18	13.6	24.9
	本科	43	32.6	57.5
	硕士及以上	56	42.4	100
家庭月收入	10000元以下	0	0	0
	10000~20000元	6	4.5	4.5
	20000~30000元	38	28.8	33.3
	30000~40000元	43	32.6	65.9
	40000元及以上	45	34.1	100

根据表4-7，通过对样本的人口统计变量分析可以看出，在性别方面，男性数量为61人，女性数量为71人，在本次的调查问卷中男女比例为86∶100，男女比例几乎持平。在年龄方面，参与问卷调查的人群多集中在30~39岁、40~49岁这两个年龄段，分别占参与问卷调查总人数的27.3%和33.3%。在职业方面，参与问卷调查的人群中企业经营管理者较多，其次是公务员、教师和科研人员，分别占参与问卷调查总人数的

24.2%、22.7%和22.0%。在受教育程度方面，参与问卷调查的人群多集中在本科、硕士及以上这两个层次，分别占参与问卷调查总人数的32.6%和42.4%。在家庭月收入方面，参与问卷调查的人群家庭月收入在20000元及以上的居多，随着家庭月收入的增加，人数也在增加，其中，家庭月收入在20000~30000元的占调查样本总人数的28.8%，在30000~40000元的占调查样本总人数的32.6%，在40000元及以上的占调查样本总人数的34.1%。从调查样本的分布特征可以看出，参与本次调查的消费者多为中年人、受教育程度较高、职业相对稳定、家庭月收入较高。这不难理解，毕竟替代性食物体系在我国发展的时间不长，参与其中不仅需要投入相应的时间和精力，也需要投入一定的财力，一般的消费者很难参与其中。

表4-8 消费者认知信任和情感信任测量题项的描述性统计

测量变量	测量题项	最大值	最小值	均值	标准差
认知信任	我相信自己的选择是正确的	7	1	6.022	0.432
	我相信农场中的农产品更安全更绿色	7	1	4.832	0.472
	我相信农场中的农产品更新鲜更优质	7	1	5.981	0.502
	我相信农场生产者是值得信任的	7	1	3.812	0.521
	我相信农场生产者有能力保证农产品的安全	7	1	4.431	0.629
	我相信农场承诺提供的农产品安全并遵守承诺	7	1	3.601	0.502
	我相信农场关心会员的食品安全和健康	7	1	4.214	0.601
情感信任	我非常喜欢社区支持农业这一模式	7	1	5.432	0.531
	我在农场购买农产品非常放心	7	1	5.812	0.632
	我只购买农场提供的农产品	7	1	4.023	0.589
	我时常关注农场提供的各种活动	7	1	4.921	0.702
	我愿意和农场共担农业生产风险	7	1	6.264	0.387
	我乐于参与农场举办的各种活动	7	1	5.153	0.502
	我对农场有强烈的归属感	7	1	3.961	0.641

表4-8中每一个测量题项的最大值说明了参与问卷调查的消费者在

该题项的最大得分，每一个测量题项的最小值说明了参与问卷调查的消费者在该题项的最小得分，每一个测量题项的均值说明了参与问卷调查的消费者在该题项的平均得分，每一个测量题项的标准差则反映了参与问卷调查的消费者在该题项的各个得分偏离均值的离散程度。从每一个测量题项的均值来看，得分均在3分以上，说明参与问卷调查的消费者，不论是认知信任还是情感信任，平均来说，对社区支持农业这一替代性食物体系的实践形式处于相对信任的程度，即对社区支持农业的信任度较高。从每一个测量题项的标准差来看，标准差相对较小，说明参与问卷调查的消费者对于该题项的回答比较集中，各分值之间差异不大，偏离均值的离散程度较小，每一个测量题项的均值都具有代表性。

（2）信度与效度分析。信度分析依然采用 α 系数作为数据信度检验的指标，检验测量数据内部是否具有一致性，即数据的测量结果是否可靠。判断规则是 α 系数大于0.5小于0.7说明量表内部一致性一般；α 系数大于0.7小于0.9说明量表内部一致性较高；α 系数大于0.9说明量表内部一致性很高。信度分析可以针对整个调查问卷进行，也可以针对部分问卷进行。表4－9给出了对消费者认知信任和情感信任的整个问卷和认知信任、情感信任的部分问卷中所有测量题项的信度分析结果。

表4－9　消费者认知信任和情感信任测量题项的信度分析

测量变量	测量题项（个）	α 系数
认知信任	7	0.832
情感信任	7	0.841
认知信任和情感信任	14	0.756

由表4－9可以看出，消费者认知信任和情感信任整个问卷、消费者认知信任部分问卷和消费者情感信任部分问卷的 α 系数分别为0.756、0.832和0.841，表明不论是整个问卷，还是部分问卷，问卷信度均良好，数据内部一致性较高，数据的测量结果比较可靠。

效度分析包括内容效度分析和结构效度分析。从内容效度来看，本部分的调查问卷是在现有文献的基础上形成的，并在预调查中对出现的问题进行了相应的调整，因此具有良好的内容效度。为了对数据进行结构效度分析，需要先进行因子分析，同时通过因子分析对多个测量题项提取公因子，这也是后面进行相关分析的前提。

首先，采用 KMO 检验和 Bartlett 球形检验来测试数据的相关性。KMO 值越接近 1，原有变量越适合做因子分析；KMO 值越接近 0，则原有变量越不适合做因子分析。而 Bartlett 球形检验的统计量 χ^2 值较大且对应的 p 值小于给定的显著性水平时，说明原有变量适合做因子分析。根据 SPSS 输出的结果，KMO 检验统计量为 0.721，大于 0.5，且 Bartlett 球形检验的显著性 p 值为 0.000，小于 0.05。这表明指标之间具有较强的相关性，适合做因子分析。

其次，确定公因子。公因子通过变量的特征值和方差贡献率确定，特征值接近 1，代表该变量的原始信息基本上可以由共同因素显示。因子的方差贡献率是该因子的特征值在所有因子的特征值之和中的占比，表示该因子对因变量的影响程度。表 4－10 给出了消费者信任的总方差解释。

表 4－10　消费者信任的总方差解释

成分	初始特征值			提取载荷平方和		
	总计	方差贡献率（%）	累计方差贡献率（%）	总计	方差贡献率（%）	累计方差贡献率（%）
1	11.980	79.865	79.865	11.98	79.865	79.865
2	1.657	11.045	90.910	1.657	11.045	90.910
3	0.702	4.680	95.590			
4	0.228	1.523	97.113			
5	0.160	1.064	98.176			
6	0.096	0.641	98.818			

续表

成分	初始特征值			提取载荷平方和		
	总计	方差贡献率（%）	累计方差贡献率（%）	总计	方差贡献率（%）	累计方差贡献率（%）
7	0.081	0.539	99.357			
8	0.043	0.285	99.642			
9	0.023	0.150	99.792			
10	0.016	0.105	99.897			
11	0.008	0.056	99.953			
12	0.006	0.038	99.992			
13	0.001	0.007	99.999			
14	0	0.001	100			

注：提取方法为主成分分析法。

根据表4-10应选择特征值大于1的前2个因子，且这2个主成分的累计方差贡献率为90.910%，保留了原始指标的绝大多数信息，可以提取2个公因子。为了使公因子得到更好的解释，采用方差最大化正交旋转法进行因子旋转，获得的旋转后的成分矩阵如表4-11所示。

表4-11　旋转后的成分矩阵

测量题项（编号）	成分	
	1	2
我相信自己的选择是正确的（Q1）	0.981	0.187
我相信农场中的农产品更安全更绿色（Q2）	0.798	0.183
我相信农场中的农产品更新鲜更优质（Q3）	0.802	0.281
我相信农场生产者是值得信任的（Q4）	0.732	0.321
我相信农场生产者有能力保证农产品的安全（Q5）	0.812	0.283
我相信农场承诺提供的农产品安全并遵守承诺（Q6）	0.792	0.182
我相信农场关心会员的食品安全和健康（Q7）	0.819	0.351
我非常喜欢社区支持农业这一模式（Q8）	0.301	0.723
我在农场购买农产品非常放心（Q9）	0.327	0.831

续表

测量题项（编号）	成分	
	1	2
我只购买农场提供的农产品（Q10）	0.129	0.825
我时常关注农场提供的各种活动（Q11）	0.201	0.829
我愿意和农场共担农业生产风险（Q12）	0.183	0.792
我乐于参与农场举办的各种活动（Q13）	0.341	0.830
我对农场有强烈的归属感（Q14）	0.207	0.792

注：提取方法为主成分分析法；旋转在3次迭代后已收敛。

由表4－11旋转后的成分矩阵可以得出结果，通过主成分分析法将消费者信任14个测量题项归结为2个公因子后，测量题项Q1～Q7在第一个公因子上存在较高载荷，对应于调查问卷中的消费者认知信任；测量题项Q8～Q14在第二个公因子上存在较高载荷，对应于调查问卷中的消费者情感信任。可以看出，调查问卷的结果所反映的指标归类与最初的量表设计一致，说明调查问卷的结构效度较高。

（3）分类汇总分析。为了便于比较分析，本部分根据调查问卷中各测量题项的得分进行分类汇总，得分在1～3分的归类为低信任类别，得分在3～5分的归类为中等信任类别，得分在5～7分的归类为高信任类别，并根据这三个信任类别分别对我国消费者认知信任和情感信任的各测量题项进行分类汇总，进而进行比较分析。表4－12和表4－13分别给出了社区支持农业模式下分类汇总的消费者认知信任和情感信任的状况。

表4－12　分类汇总的消费者认知信任状况

测量变量	测量题项	信任类别	样本量（个）	占比（%）
对自我的认知信任	我相信自己的选择是正确的	低	10	7.6
		中等	44	33.3
		高	78	59.1

续表

测量变量	测量题项	信任类别	样本量（个）	占比（%）
对农场农产品的认知信任	我相信农场中的农产品更安全更绿色	低	14	10.6
		中等	46	34.8
		高	72	54.5
	我相信农场中的农产品更新鲜更优质	低	12	9.1
		中等	51	38.6
		高	69	52.3
对农场生产者的认知信任	我相信农场生产者是值得信任的	低	25	18.9
		中等	47	35.6
		高	60	45.5
	我相信农场生产者有能力保证农产品的安全	低	22	16.7
		中等	54	40.9
		高	56	42.4
	我相信农场承诺提供的农产品安全并遵守承诺	低	14	10.6
		中等	55	41.7
		高	63	47.7
	我相信农场关心会员的食品安全和健康	低	24	18.2
		中等	46	34.8
		高	62	47.0

根据表4-12，整体来看，在社区支持农业这一替代性食物体系下，我国消费者的认知信任度总体较高，80%以上的被调查者对自我的认知信任、对农场农产品的认知信任和对农场生产者的认知信任的程度在中等及以上水平，约50%的被调查者对自我的认知信任、对农场农产品的认知信任和对农场生产者的认知信任的程度高。从消费者认知信任的各个测量题项来看，我国消费者对自我的认知信任的程度相对较高，有59.1%的被调查者对测量题项“我相信自己的选择是正确的”给出了5~7分，属于高信任类别；其次是对农场农产品的认知信任，在2个测量题项中，给出5~7分的被调查者分别占到被调查总人数的54.5%和52.3%；最后是对农场生产者的认知信任，在4个测量题项中，给出

5～7分的被调查者分别占到被调查总人数的45.5%、42.4%、47.7%和47.0%。

表4－13 分类汇总的消费者情感信任状况

测量变量	测量题项	信任类别	样本量（个）	占比（%）
对社区支持农业模式的情感信任	我非常喜欢社区支持农业这一模式	低	4	3.1
		中等	56	42.4
		高	72	54.5
对农场农产品的情感信任	我在农场购买农产品非常放心	低	8	6.0
		中等	55	41.7
		高	69	52.3
	我只购买农场提供的农产品	低	13	9.9
		中等	51	38.6
		高	68	51.5
对农场生产者的情感信任	我时常关注农场提供的各种活动	低	14	10.6
		中等	51	38.6
		高	67	50.8
	我愿意和农场共担农业生产风险	低	12	9.1
		中等	54	40.9
		高	66	50.0
	我乐于参与农场举办的各种活动	低	13	9.8
		中等	55	41.7
		高	64	48.5
	我对农场有强烈的归属感	低	11	8.3
		中等	59	44.7
		高	62	47.0

根据表4－13，整体来看，在社区支持农业这一替代性食物体系下，我国消费者的情感信任度总体较高，高于消费者的认知信任，其中90%以上的被调查者对社区支持农业模式的情感信任、对农场农产品的情感信任和对农场生产者的情感信任的程度在中等及以上水平，50%以上的

被调查者对社区支持农业模式的情感信任、对农场农产品的情感信任和对农场生产者的情感信任的程度高。从消费者情感信任的各个测量题项来看，我国消费者对社区支持农业模式的情感信任的程度相对较高，有54.5%的被调查者对测量题项“我非常喜欢社区支持农业这一模式”给出了5～7分，属于高信任类别；其次是对农场农产品的情感信任，在2个测量题项中，给出5～7分的被调查者分别占到被调查总人数的52.3%和51.5%；最后是对农场生产者的情感信任，在4个测量题项中，给出5～7分的被调查者分别占到被调查总人数的50.8%、50.0%、48.5%和47.0%。

这样的调查结果可能源于我国消费者对食品领域安全问题频发的担忧。随着我国消费水平的提高，消费者对农产品的消费层次有所提升，加之食品领域安全问题频发，农产品的安全问题引起了消费者的关注，加速了社区支持农业这一新型的农业生产模式在中国的发展。在我国消费者的消费行为中，消费者加入社区支持农业农场的主要原因是想获得新鲜、绿色、高品质的食品，以应对当前频发的食品危机，之所以会选择社区支持农业这一新型的农业生产模式，是因为消费者相信这一模式能够给他们提供新鲜、绿色、高品质的食品。因此，当农产品品质超过设定的预期时，消费者会对农场提供的农产品产生信任，而消费者对于农产品品质的感知向自身传递了相应的农场生产者值得信任的信息，认为农场生产者是有能力的、善意的。当消费者感知到农场生产者有能力提供高品质的食品以满足自己需求时，便会对农场的生产者产生某种程度的信任。

这进一步说明，随着消费水平的提高和消费层次的提升，消费者的消费价值观也发生了深刻的变化。消费者的消费目的不只是满足日常生活的需要，同时也出现了情感上的渴求和对社会利益的诉求，消费者越来越重视消费后带来的内心的满足和充实。社区支持农业采用的是会员制模式，消费者成为农场会员后，除了能够获得绿色、安全、高品质的农产品以外，还存在其他的需求，如在某种程度上体验到乐趣、接触到其他更多志同道合的消费者等。会员消费者与农场之间不仅存在农产品的交易关系，同时还包含价值共创关系。随着对社区支持农业的认知信任的建立，消费者在获得绿色、安全、高品质的农产品之后，其他方面需求的满足能在很大程度上增强会员消费者与农场的黏性，由此产生对农场的积极情感，在这种情感的驱动下消费者更能产生对农场的情感信任，进而与农场共同创造价值。基于互惠原则，对农场信任度更高的消费者更容易产生有益于农场未来发展的行为，诸如推荐、评论、参与活动等，同时对农场的融入度和认同感即情感信任会进一步增强。

因此，在社区支持农业这一新型农业生产模式下，以风险共担、收益共享为理念，消费者与农场生产者直接面对面，消费者在生产季节预付费用，生产者承诺以健康、绿色的方式生产农产品。消费者首先基于对自己判断的信任，即信任自己的选择，然后基于对农场农产品品质的感知而信任农场农产品，最后传递到对农场生产者的信任。

根据表 4 - 12 和表 4 - 13，尽管本次参与问卷调查的被调查者对替代性食物体系比较熟悉，并且参与其中，但从表中的调查结果可以看出，对于消费者认知信任和情感信任的每一个测量题项，仍然有小部分被调查者给出了 1 ~ 3 分，属于低信任类别。这说明在我国部分消费者尽管参与了替代性食物体系，但对其信任度较低，对食品的安全问题依然担忧。这可能与替代性食物体系在我国处于初期的发展阶段有关，同时也与我国处在信任困境的大环境有关，“该信任谁”“谁值得信任”成为我国当前转型社会中人人关注而焦虑的话题，在此背景下，社会信任不足同样投射到了食品的生产与消费领域，消费者不管消费什么，缺乏信任似乎成了常态。

进一步比较表 4 - 12 和表 4 - 13，在社区支持农业这一替代性食物体系下，我国消费者情感信任的程度要高于认知信任。以中等及以上信任类别为例，在所有参与调查问卷的被调查者中，认知信任的程度在中等及以上水平的被调查者占被调查总人数的80%以上，但是，情感信任的程度在中等及以上水平的被调查者占被调查总人数的90%以上。以高信任类别为例，有约50%的被调查者认知信任的程度高，但是有50%以上的被调查者情感信任的程度高。这说明相对于消费者的认知信任，情感信任对于农场获取更多会员消费者、增强会员消费者黏性更为重要。因为较普通农产品消费者而言，多数农场会员消费者属于高端消费群体，收入和受教育程度普遍较高，关注的消费重点是农产品的健康安全，对农场的信任更多的是来自对农场农产品质量和服务的感知，以及情感交流的融入，但很显然，情感交流的融入要多于对农场农产品质量和服务的感知。

随着消费行为的日益升级，消费者会产生诸如购买、重复购买、交叉购买等交易性行为，一些非交易性行为也频繁涌现，如口碑推荐、发表评论、参与活动等，交易性行为是建立在消费者认知信任的基础上的，而非交易性行为大多建立在消费者的情感信任之上。在社区支持农业模式下，会员制是农场主要的经营模式，农场和会员之间利益共享、风险共担。因此，在社区支持农业模式下，农场与消费者之间不仅存在简单的交易关系，而且可以共创体验价值，所以二者还存在价值共创关系。在这一过程中，消费者对农场或明或暗的关于农产品安全的承诺产生了认知信任，初始信任驱使其支付定金、成为会员。会员消费者如果得到来自农场的社会和情感利益，便会促进其产生积极的行为意向，由传统的购买者和接受者的角色向推荐者和影响者的角色转变，交易性行为转变成非交易性行为，与此同时也形成了对农场许诺的义务和责任的感知，进而建立消费者的情感信任，增强会员消费者对农场的归属感，提升会员消费者黏性。

基于对消费者认知信任和情感信任的分析和理解，以社区支持农业模式为例，根据对消费者认知信任与情感信任的问卷调查，分析替代性食物体系下消费者信任的结构。问卷调查的主要结论如下。

第一，描述性统计分析。社区支持农业的主要消费者多为中年人、受教育程度较高、职业相对稳定、家庭月收入较高。

第二，信度与效度分析。通过信度分析，整个问卷和部分问卷的信度均良好，数据内部一致性较好，数据的测量结果比较可靠。通过效度分析，问卷的内容效度较高，同时通过因子分析，问卷的指标归类与最初的量表设计一致，说明调查问卷的结构效度较高。

第三，分类汇总分析。在社区支持农业这一替代性食物体系下，我国消费者的情感信任度总体较高，高于消费者的认知信任。从消费者认知信任的各个测量题项来看，我国消费者对自我的认知信任的程度相对较高，其次是对农场农产品的认知信任，最后是对农场生产者的认知信任。从消费者情感信任的各个测量题项来看，我国消费者对社区支持农业模式的情感信任的程度相对较高，其次是对农场农产品的情感信任，最后是对农场生产者的情感信任。

理论上分析的主要结论如下。

第一，在对消费者信任的概念界定的基础上，运用问卷调查法，基于消费者对食品安全的关注与认知情况，把消费者分为当前消费者、潜在消费者、社会公众三类进行调查，对目前消费者对食品安全的社会信任水平进行分析。本书认为我国消费者对当前食品安全的社会信任度偏低，在此背景下，对社区支持农业这一替代性食物体系的实践模式的总体信任度也偏低。

进一步的调查发现，在所有参与问卷的被调查者中，了解并参与替代性食物体系的消费者的比例仅为16.2%，了解但没有参与、不了解的消费者的比例分别为33.7%和50.1%，相应的消费者群体分别为当前消费者、潜在消费者和社会公众。

第二，消费者信任来源于信息、制度、生产者和文化等因素，在此基础上，以社区支持农业和农夫市集为例，研究认为替代性食物体系下，信息、制度、生产者和文化等因素依然是消费者信任的来源。

具体表现为：在社区支持农业模式下，消费者信任来源于农场生产者的关怀理念、开放的生产方式、与消费者的频繁互动、共享的第三方关系和高质量农产品的供应；在农夫市集模式下，消费者信任来源于利用参与式保障体系（PGS）在生产端把关农户的准入、在消费端建立平等但有区别的消费者食品安全信任关系、生产者与消费者参与多维度互动、消费者农场实地考察。

第三，基于消费者信任的概念，将消费者信任分为消费者认知信任和情感信任，以社区支持农业模式为例，对消费者认知信任与情感信任进行问卷调查，认为在社区支持农业模式下，我国消费者的情感信任度总体较高，高于消费者的认知信任。

从消费者认知信任的各个测量题项来看，信任度从高到低依次是对自我的认知信任、对农场农产品的认知信任、对农场生产者的认知信任；从消费者情感信任的各个测量题项来看，信任度从高到低依次是对社区支持农业模式的情感信任、对农场农产品的情感信任、对农场生产者的情感信任。

第五章　替代性食物体系中消费者信任的形成和演化机制

快速发展的全球化、工业化和城市化在使人们生活水平提高的同时，也带给各个国家很多的生态和社会问题，如生态环境退化、自然资源不可持续利用、小规模农业生产者被边缘化、食品安全问题频发、食品的多次加工造成普遍健康问题等。这一系列的环境破坏与食品安全问题让人们感到慌张，为了解决这些问题，人们开始自救性地发展起一个新的模式：替代性食物体系。与西方发达国家不同的是，我国替代性食物体系中消费者存在一些个体功利因素，例如他们主要想获取绿色安全的农产品，在这个过程中，消费者信任是至关重要的。本章首先采用问卷调查收集数据，分析我国替代性食物体系中消费者信任对绿色产品消费行为的影响；然后基于消费者信任的形成过程和演化博弈方法，分别论述我国替代性食物体系中绿色产品消费者信任的形成和演化机制。

一　消费者信任对消费行为的影响

随着生态环境破坏和产品伤害事件的频繁发生，消费者更加关注产品的安全、环保、健康等属性，绿色消费应运而生，逐渐成为一种消费习惯。作为一种追求保护环境、节约资源的消费方式，绿色消费提倡人们选购社会公认的或者消费者个人主观认为的具有不浪费资源、对社会环境和身体健康有益等环保属性的绿色产品。绿色产品是生产、流通和消费中对人或动物健康无害，环保、节约和低能耗的产品，是目前公认的无害产品。相对于普通产品，绿色产品包含更多信息，加之市场上

“漂绿”现象频发，而绿色产品又具有信任品属性，消费者在购买甚至使用后都无法辨别其真伪，增加了消费者购买绿色产品的风险和不确定性。因此，在绿色产品市场上，消费者信任是至关重要的。尤其是当消费者要为绿色产品支付溢价时，取得消费者信任更为关键。但是，有关消费者信任和绿色产品购买行为之间的关联性还没有引起足够的重视。本部分基于消费者行为理论框架，将消费者信任纳入该框架之中，探索分析消费者信任如何影响绿色产品购买行为，存在怎样的影响机制。本部分的研究对我国绿色产品市场的健康成长和替代性食物体系实践形式的发展都具有重要的理论和实践意义。

（一）理论概念与研究假设

1. 消费者信任与绿色产品购买行为

消费者信任一般来说是指消费者对企业的产品或者服务持有信任的态度。关于消费者信任的概念，学者们基于不同的学科和不同的视角给出了各自不同的定义。本部分借用 Rousseau 等（1998）的定义，认为消费者信任是消费者个体产生的一种心理状态，该状态源于对他人意图或行为的良好预期，并愿意承受可能的伤害和损失。根据现有文献，消费者信任是一个多维度、涉及多个主体的复杂问题。Torjusen 等（2004）提出消费者信任可以分为个人信任（Personal Trust）和系统信任（System Trust），前者植根于本地化的知识和人际关系中；而后者是指当人们面对风险时有依赖社会公共机构的意愿，它植根于具有普遍性的管理制度中。

基于此，本书将消费者信任也区分为个人信任和系统信任。对于个人信任，信任关系是消费者通过对客体的判断直接建立的，如对绿色产品属性的认知、对当地绿色生产企业或经销商的了解等；对于系统信任，信任关系的建立则是取决于政府或第三方的认证，如绿色产品标签、节能环保的标识、对生产过程的严格控制、绿色认证机构的权威性、政府相关部门和新闻媒体、消费者协会、行业协会等社会相关公共机构的监管作用都是取得消费者信任的重要渠道。

绿色产品购买行为是指消费者在认识到环境问题后，兼顾实现购买目的和减少环境破坏而购买绿色产品的行为。在消费者的这一购买行为中，他们的购买意向是绿色产品购买行为的主要影响因素，并具有较强的解释力。当前，在研究绿色购买意向和购买行为关系时使用最多的理论就是 Ajzen（1991）的计划行为理论（TPB）。根据 Ajzen（1991）提出的计划行为理论，个体行为是行为意向的结果，而行为意向受行为态度、主观规范和知觉行为控制的影响。当行为态度与主观规范表现得越正向同时知觉行为控制越强时，个体的行为意向也就表现得越明显。绿色产品的消费行为意向反映了消费者对于绿色产品购买行为的倾向，其中，绿色消费态度是行为意向的主要预测因子；主观规范反映了消费者决定是否购买绿色产品时感受到的社会压力，是绿色消费行为意向的基础；而知觉行为控制则反映消费者对绿色产品的认知，是促使绿色消费行为意向形成的动力。当消费者需要做出是否购买绿色产品的决策时，积极的绿色消费态度、来自保护环境节约资源的社会倡导，以及对绿色产品节能、环保、健康等属性的认识都会进一步提升消费者的购买意向，从而促使消费者做出绿色产品的购买行为。

但是，Conner 和 Armitage（1998）认为 TPB 主要关注了决定行为意向形成的动机过程，很少关注行为意向转化为实际行为的过程。在绿色产品市场上，消费者信任会影响消费者对绿色产品的购买动机，缺乏信任会让消费者怀疑市场上绿色产品的真实性，从而降低其对消费绿色产品有益于健康和环境的预期，在面对价格高出普通商品的绿色产品时，消费者甚至会害怕被欺骗；同样地，对绿色认证标志和绿色认证机构缺乏信任的消费者也会降低对绿色产品的购买动机。因此，消费者对绿色产品的不信任削弱了消费者的购买意向和购买动机，从而减少绿色消费行为，而信任则强化了消费者对绿色产品的购买意向和购买动机。在这个意义上，消费者信任可以促进消费者的绿色产品购买意向转化为实际的购买行为。根据以上分析可以得到如图 5 - 1 所示的关系。

图 5 - 1　消费者信任与绿色产品购买行为的关系

2. 研究假设

本部分研究重点是在计划行为理论框架下，分析我国消费者信任对绿色产品购买行为的影响机制和影响程度。根据计划行为理论，本书提出如下研究假设：

H5 - 1：影响我国消费者购买绿色产品这一行为的主要因素是其购买意向。

H5 - 2：绿色消费态度、感知社会压力和对绿色产品的认知共同影响我国消费者绿色产品的购买意向。

与普通产品相比，绿色产品嵌入了环境、能源和健康等属性，产品信息量更加丰富，然而绿色产品市场在我国也是刚刚兴起，市场秩序并没有完善，“漂绿”现象频繁发生，消费者对绿色产品没有准确客观的认知与评判，增加了消费者购买绿色产品的风险和不确定性。此时，消费者信任至关重要，缺乏对绿色产品的信任会使消费者怀疑绿色产品所宣传的属性，从而减弱消费者将购买意向转化为购买行为的动机。为了降低购买行为造成的风险和不确定性，消费者通过对绿色产品信息的了解帮助他们评估产品的质量和辨别产品的真伪。也有相关研究认为，绿色产品信息会进一步促进消费者的绿色产品购买行为。但是，由于市场上生产者和消费者存在信息不对称的问题，在信息量更加丰富的绿色产品市场上该问题尤其突出，因此，相对于生产者或供应商提供的产品信息，相对独立的认证机构提供的绿色认证更容易取得消费者的信任。如 Soyez

等（2012）经过研究发现，在控制了TPB提出的影响变量后，对有机标签的信任会影响消费者对有机食品的购买，但在不同的国家这种影响是不一样的，其原因在于国家之间绿色认证机制、绿色产品认证标签不一致。尤其是在现在的城市购物环境中，消费者购买绿色产品基本上依赖对绿色标签的判断，绿色标签将消费者从对生产者的信任逐渐转移到了对绿色产品标识和认证机构的信任。据此，本书提出以下研究假设：

H5-3：增进消费者信任会增强消费者绿色产品的购买意向，进而促使其购买行为的发生。

H5-4：消费者系统信任对消费者绿色产品购买意向及购买行为的影响大于个人信任。

（二）研究设计与数据来源

根据研究假设，本部分共涉及消费者信任、绿色产品购买意向以及绿色产品购买行为等三个变量，为了定量分析消费者信任对绿色产品购买行为的影响，研究采用问卷调查的方式收集数据。调查项目的设计参照Ajzen（1991）提出的一些标准，借鉴Nuttavuthisit和Thøgersen（2017）设计的量表，同时也结合我国绿色产品市场的发展现状。对于各测量题项的取值采用李克特7级量表进行测度，1表示强烈不同意，2表示完全不同意，3表示比较不同意，4表示不清楚，5表示比较同意，6表示完全同意，7表示强烈同意。绿色产品购买行为用“与普通产品相比，我愿意购买绿色产品”来描述。有关绿色产品购买意向和消费者信任完整的测量题项设置和描述分别见表5-1和表5-2。

在正式调查之前进行了预调查，在量表检验中确保调查项目与其相应因子的载荷大于0.5，并且问卷整体及每个分量表的α系数均大于0.7，以保证调查问卷整体具有较好的信度与效度。

正式进行问卷调查时，采用现场问卷调查和网络问卷调查相结合的方式。其中，现场问卷调查采用现场发放问卷、现场作答和现场回收的方式进行，现场问卷调查共回收问卷148份，剔除个别信息填写不完整的问卷，有效问卷为134份；网络问卷调查主要是在部分论坛和调查网站上进行，同时也通过转发朋友圈和微信群的方式进行，共回收问卷433份，剔除个别信息填写不完整的问卷，有效问卷为415份。现场问卷调查和网络问卷调查共回收问卷581份，其中有效问卷共549份，有效回收率为94.5%。问卷调查的对象主要是全国各省会城市的常住居民，在现场发放问卷的过程中，尽量达到性别、年龄等人口统计变量的平衡。对调查数据进行整理，数据的描述性特征分别见表5-1和表5-2。

表5-1　绿色产品购买意向的测量题项设置、均值、标准差和因子分析

测量题项	均值	标准差	公因子F1：环保和健康	公因子F2：绿色消费态度	公因子F3：绿色产品认知
GW1. 我认为绿色产品有益于保护环境	5.353	0.537	0.923	-0.124	0.015
GW2. 我认为绿色产品有利于节约资源	5.528	0.482	0.847	-0.112	0.316
GW3. 我认为绿色产品有益于健康	4.821	0.442	0.758	0.201	0.175
GW4. 我愿意为节能环保额外付出	3.724	0.302	0.142	0.742	0.236
GW5. 我认为购买绿色产品是明智的选择	4.579	0.412	0.085	0.812	0.017
GW6. 我认为市场上的绿色产品是真正的绿色产品	3.536	0.431	0.128	0.592	0.298
GW7. 我认为市场上的绿色产品是生产营销手段	2.801	0.394	0.012	0.183	0.704
GW8. 我认为市场上绿色产品的价格偏高	5.862	0.512	0.023	0.212	0.756
GW9. 我能比较方便地购买到绿色产品	3.257	0.453	0.092	0.382	0.652
GW10. 我知道很多关于绿色产品的知识	2.985	0.385	0.121	-0.023	0.905

表5-2　消费者信任的测量题项设置、均值、标准差和因子分析

测量题项	均值	标准差	公因子F4：系统信任	公因子F5：个人信任
GW11. 我相信我国绿色认证机构的认证资格	3.332	0.392	0.903	0.121

续表

测量题项	均值	标准差	公因子 F4：系统信任	公因子 F5：个人信任
GW12. 我相信具有绿色认证资格的机构是独立的组织	3. 492	0. 421	0. 874	0. 218
GW13. 我相信经过绿色认证的产品真实可靠	2. 921	0. 525	0. 775	0. 301
GW14. 我认为市场上的绿色产品需要认证	5. 402	0. 331	0. 763	0. 108
GW15. 我不需要绿色认证，我相信产品说明	2. 391	0. 374	0. 121	0. 895
GW16. 我不需要绿色认证，我相信生产者或销售者声明	2. 301	0. 425	0. 098	0. 904
GW17. 相对于绿色认证，我更愿意从生产者或销售者那里直接购买	4. 328	0. 329	0. 201	0. 865

（三）实证结果与分析

1. 因子分析

因子分析是一种利用降维概念的多元统计分析方法，它通过对原始变量的相关矩阵或者协方差矩阵之间的内在相关性进行研究，基于指标变量的内部相关性，简化一些具有相关性的指标，将它们规整为少数几个关系清晰的综合因子，以规整的少数几个因子来反映原始指标的大部分信息，即这几个综合因子就包含所有的变量指标信息。由于在问卷调查时，每个变量都使用了多个测量题项进行衡量，而这多个测量题项之间存在较大的相关性，通过进行因子分析，可以将一些具有相关性的测量题项简化为几个指标，在减少指标数目的同时也可以降低原始指标所包含信息的损失程度，可以更为全面地分析调查所得的数据。

因子分析过程简要说明如下。

首先对数据进行适用性检验（即 KMO 检验和 Bartlett 球形检验）。原始指标数据之间是否具有相关性，是否适合做因子分析，可以采用 KMO 检验和 Bartlett 球形检验来测试。当 KMO 值越接近 1 时，说明原始指标数据越适合做因子分析；当 KMO 值越接近 0 时，则原始指标数据越不适合做因子分析。当 Bartlett 球形检验的统计量 χ^2 值较大且对应的 p 值小于给定的显著性水平时，说明原始指标数据适合做因子分析。

其次确定公因子。可以通过变量的特征值和方差贡献率确定。特征值是共同因素整体对变量变化的作用，它接近 1，代表该变量的原始信息基本上可以由共同因素显示；因子的方差贡献率是该因子的特征值在所有因子的特征值之和中的占比，表示该因子对因变量的影响程度。为了使公因子得到更好的解释，可以采用适当的方法进行因子旋转。

最后计算公因子得分。使用公因子表示原始变量，需要知道公因子和原始变量之间的线性关系，即计算公因子得分。计算公因子得分的方法有回归法、Bartlett 法和 Anderson-Rubin 法。

根据以上因子分析过程，首先对表 5－1 中反映绿色产品购买意向的各测量题项做因子分析。KMO 值为 0.792，Bartlett 球形检验的统计量 χ^2 值为 278.273，显著性水平为 0.000，说明表 5－1 中各测量题项之间存在共同的因素，有较强的相关性，适合做因子分析。根据特征值大于 1 的标准选入 3 个公因子，其累计方差贡献率为 88.1%，说明 3 个公因子共同解释了总方差的 88.1%，10 个测量题项可以提取 3 个公因子。为了方便解释公因子的实际意义，采用方差最大化正交旋转法进行因子旋转，得到的结果见表 5－1。根据旋转后的因子载荷矩阵，公因子 F1 取名为环保和健康，反映了绿色产品购买意向中的主观规范；公因子 F2 取名为绿色消费态度，反映了绿色产品购买意向中的行为态度；公因子 F3 取名为绿色产品认知，反映了绿色产品购买意向中的知觉行为控制。

基于同样的思路和方法对表 5－2 中反映消费者信任的各测量题项做因子分析。根据旋转后的因子载荷矩阵，得到 2 个公因子。公因子 F4 命名为系统信任，反映了消费者对绿色产品的认证标志、认证机构和认证机制以及绿色生产过程等的信任度；公因子 F5 命名为个人信任，反映了消费者对绿色产品的属性和生产厂家的信任度。

2. 双变量相关分析

以上探索性因子分析将反映绿色产品购买意向的测量题项提取为环

保和健康、绿色消费态度和绿色产品认知 3 个公因子，将消费者信任的测量题项提取为个人信任和系统信任 2 个公因子。表 5－3 给出了这 5 个变量两两之间的相关系数。可以看出，个人信任与环保和健康、绿色消费态度、绿色产品认知之间的相关系数均大于 0.5，说明个人信任与环保和健康、绿色消费态度、绿色产品认知之间均存在中等程度的正相关关系；系统信任与上述 3 个变量之间的相关系数均大于 0.6，说明它们之间也存在中等程度的正相关关系，而且系统信任与绿色消费态度之间的相关性最强，相关系数为 0.802。同时也可以看出，环保和健康、绿色消费态度、绿色产品认知两两之间呈高度正相关，个人信任与系统信任之间也呈正相关。相关分析说明消费者信任与绿色产品购买意向之间存在某种程度的相关性，进一步说明消费者信任会通过影响绿色产品购买意向进而间接影响绿色产品购买行为。

表 5－3 消费者信任与绿色产品购买意向之间的相关系数

变量	个人信任	系统信任	环保和健康	绿色消费态度	绿色产品认知
个人信任	1				
系统信任	0.693	1			
环保和健康	0.562	0.631	1		
绿色消费态度	0.732	0.802	0.781	1	
绿色产品认知	0.682	0.714	0.801	0.792	1

3. 多元线性回归分析

相关分析仅仅说明变量之间具有相关关系，不能说明变量之间具有因果关系，所以在进行相关分析的基础上进一步做因果分析，即回归分析。通过回归分析可以拟合出消费者信任与绿色产品购买行为之间的回归模型，进而分析它们之间的因果关系。

考虑到环保和健康、绿色消费态度和绿色产品认知 3 个变量之间有高度的相关性，为避免同时引入模型产生多重共线性，在回归之前先利用因子分析将环保和健康、绿色消费态度和绿色产品认知 3 个变量提取为 1 个变量，即绿色产品购买意向，并将其作为控制变量引入模型，个人信任和系统信任作为解释变量，采用逐步回归法进行估计。表 5－4 给出了所有的估计结果。

表 5－4　消费者绿色产品购买行为的回归结果

变量	模型 1		模型 2		模型 3		模型 4	
	系数	t 统计量	系数	t 统计量	系数	t 统计量	系数	t 统计量
常数项	0.263***	6.291	0.323***	5.832	0.293***	5.119	0.371***	7.271
绿色产品购买意向	0.421***	10.223	0.664***	6.218	0.509***	9.042	0.434***	3.263
个人信任			0.192***	8.021			0.119	1.034
系统信任					0.264***	8.927	0.224***	10.231
R^2	0.611		0.657		0.712		0.623	
调整的 R^2	0.562		0.643		0.675		0.573	
F 统计量	98.328		111.523		119.547		102.595	

注：*** 表示在 1% 的水平下显著。

根据表 5－4 的回归结果，模型 1～模型 4 的可决系数 R^2 和调整的可决系数 R^2 说明 4 个回归模型的拟合程度良好（考虑到是截面数据，相应的可决系数会小于时间序列数据的可决系数）；F 统计量也说明 4 个回归模型总体上通过了显著性检验。

从单个回归模型来分析，模型 1 是不包括个人信任和系统信任，只包括绿色产品购买意向的回归结果。绿色产品购买意向在 1% 的水平下显著，变量的系数符号为正，说明消费者绿色产品购买意向对绿色产品购买行为存在显著的正向影响。这与前面的假设 H5－1 和 H5－2 一致，也与 Ajzen（1991）提出的计划行为理论基本一致，即影响行为意向的因素对行为的实施具有正向影响。

模型 2 和模型 3 是将个人信任和系统信任分别引入模型得到的回归结

果。可以看出，当分别作为解释变量单独引进模型时，两者都在1%的水平下显著，而且系数符号均为正，说明个人信任和系统信任对消费者绿色产品购买行为有正向的直接影响。通过比较模型2和模型3可以得出，相对于个人信任，系统信任对消费者绿色产品购买行为的影响效果更强，这与前面的假设H5-3和H5-4一致。这说明在控制了影响绿色产品购买行为的其他因素后，消费者对绿色产品的信任（其中包括消费者对认证绿色产品的机制与机构的系统信任以及对绿色产品真实性、健康性的个人信任）对其绿色产品购买行为具有显著的正向影响。

模型4是将个人信任和系统信任同时引入模型的回归结果，系统信任变量在1%的水平下显著，且系数符号为正，但是个人信任变量不显著。这说明在控制了购买意向之后，系统信任对消费者绿色产品购买行为存在正向影响，而个人信任对它的影响则不显著。根据表5-3，可能是个人信任与系统信任之间的相关性较强，也可能是个人信任或系统信任与其他影响绿色产品购买意向变量之间的相关性较强，导致模型出现了多重共线性，从而产生重要的解释变量影响不显著的情况，同时也说明对于存在多个解释变量的情形来说，逐步回归是非常有必要的。

根据以上实证分析过程可以发现，消费者对绿色产品缺乏信任直接对其绿色产品购买行为产生负向影响，同时也通过影响消费者绿色产品购买意向间接影响其购买行为。如在问卷调查中，只有3%的受访者强烈同意“我认为市场上的绿色产品是真正的绿色产品”，另有69%的受访者强烈同意“我认为市场上的绿色产品是生产营销手段”。这说明多数消费者对市场上的绿色产品持有怀疑态度，使得愿意购买绿色产品的消费者因为对绿色产品的不信任而害怕受骗，可能就直接放弃了购买；还有部分有购买动机的潜在消费者对绿色产品的真实性或其声称的产品属性存在质疑或不信任，这份质疑或不信任使他们降低了对消费绿色产品能带来环保和健康等的期望，进而减弱了他们将绿色产品购买意向转化为购买行为的动机，间接影响了消费者绿色产品购买行为的实施。

而且，相对于个人信任，系统信任对我国消费者绿色产品购买行为的影响更为明显。如在调查问卷中，只有3%的受访者强烈同意“我不需要绿色认证，我相信产品说明”，有87%的受访者强烈同意“我认为市场上的绿色产品需要认证”。原因可能在于以下两方面。一是我国消费者对绿色产品缺乏详细的认知。如在问卷调查中，只有2%的受访者强烈同意“我知道很多关于绿色产品的知识”，另有69%的受访者强烈同意“我认为市场上的绿色产品是生产营销手段”，对绿色产品缺少认知的同时加上害怕上当受骗，使消费者对绿色产品的判断更加依赖绿色认证标签和绿色认证机构。二是绿色认证标签使得消费者对产品生产商或销售商的信任转移为对认证机构或认证机制的信任。以绿色产品中的有机食品为例，消费者大多在专卖店或大型超市以匿名的方式购买有机食品，因此，传统的直销方式很难在生产者或销售者和消费者之间建立信任关系。相对于有机食品的产品说明和生产厂家，多数消费者还是通过有机标签、权威的认证机构等保证所购食品为有机食品。

综上所述，对于我国刚刚兴起的绿色产品市场而言，面对在消费过程中价格敏感度较强的消费者，当需要为消费绿色产品支付溢价时，建立消费者信任，尤其是对绿色产品标签的系统信任至关重要。绿色标签作为经过绿色认证的标志有助于提高消费者为绿色产品支付溢价的意愿，但是，如果消费者对绿色产品缺乏信任，并且获得绿色认证的绿色产品价格过高，可能会使消费者寻找替代品，影响消费者购买绿色产品的意向。

（四）研究结论与启示

随着人们环保意识的提高和对健康安全食品的追求，绿色产品市场的发展符合消费者的基本要求。但是，对于具有信任品特征的绿色产品来讲，消费者信任对它的发展尤其重要。基于计划行为理论，本章从个人信任和系统信任两个方面分析了消费者信任对我国消费者绿色产品购买行为的影响机制和影响程度。本书的研究一方面验证了计划行为理论适用于我国消费者绿色产品的购买行为；另一方面通过实证分析得出，消费者信任对其绿色产品购买行为存在直接影响，同时也通过影响消费者绿色产品购买意向间接影响其购买行为，而且，系统信任的影响要大于个人信任的影响。由此可以认为，缺乏消费者信任是阻碍我国绿色产品市场健康、有序、快速发展的一大障碍，建立和增进消费者信任才是促进绿色产品市场健康、快速发展的动力因素。

就我国正处于快速发展中的绿色产品市场而言，对绿色产品的个人信任是非常重要的，但是，对某个绿色产品品牌或生产厂商的个人信任不足以支撑整个市场的发展，为了确保我国绿色产品市场健康、快速发展，必须采取一系列的措施，增加消费者对绿色产品的系统信任。

二　替代性食物体系中消费者信任的形成机制

随着人类生态环境的恶化和食品安全危机的频发，消费者的绿色消费意识不断增强，绿色产品的生产和消费受到的关注度日益提高。在我国替代性食物体系中，绿色产品是目前公认的节约能源、有益于保护环境和身体健康的产品，人们可通过机构认证或者自身感知产品是否节约能源、保护环境、对身体健康有益来判断其是否为绿色产品。由于绿色产品的价格高于非绿色产品，虽然目前绿色消费的观念被人们所接受，但消费者也不情愿无条件地为绿色产品负担太高的成本，而且，在当前的购物交易环境中，消费者只能依靠销售者对外呈现的产品信息和产品生产者的声誉来判断绿色产品的质量。因此，什么样的信息可以有效地降低消费者购买绿色产品的风险，进而增加消费者对绿色产品的信任成为当前我国替代性食物体系下一个至关重要的问题。关于此问题现有文献也进行了一系列的研究（具体内容见第一章中的文献回顾），本部分在现有文献的基础上，基于消费者信任的形成过程，利用 Logit 模型对影响我国替代性食物体系下绿色产品消费者信任的因素进行实证分析，揭示在我国替代性食物体系下绿色产品消费者信任的形成受到哪些因素的影响，影响机制是什么以及影响程度如何。该模型将影响因素同时纳入，从系统的角度全面研究我国替代性食物体系下绿色产品消费者信任的影响因素与形成机制，能够从微观层面定量地揭示消费者进行绿色消费时的决策过程，不论对绿色产品的生产者还是销售者都具有重要的实践指导意义。

（一）理论分析与研究假设

在买卖双方的交易过程中，信任一直是交易双方关系中被广泛关注的重要因素。信任早期主要由心理学领域的学者进行研究，到20世纪70年代，社会学、经济学、管理学等学科均对信任问题开展了研究，但是，由于各个学科研究信任的出发点和研究视角的差异，不同学科对信任至今没有形成一个统一的定义。近年来，随着关系营销学的兴起，很多学者从市场营销的角度给信任的定义做了一个界定。

所谓信任，是指在存在风险的情境下，交易一方对另一方的信心、信念或积极的预期，认为交易的对方会充分考虑自己的利益，做出的各种承诺都是可信赖的，即消费者对企业善意行为的积极预期。在此基础上，消费者信任是指在存在风险和不确定性的情况下，消费者知道企业的产品或服务可能存在潜在风险以及众多不确定性，但仍愿对其持有较好的预期和态度。消费者信任的形成过程就是消费者对企业形成较好的态度，从而建立信任的过程。消费者信任的形成机制就是形成消费者信任的过程或者途径。由于对消费者信任的认识是多角度的，关于消费者信任的形成过程也是多层次的，不同的学者对消费者信任的形成机制有不同的认识。

Zucker（1986）提出了信任形成的三种机制。一是基于声誉而形成的信任，即施信者会依据受信者过去的行为和声誉做出是否信任的决策，声誉好的受信者总能获得施信者对他的信任。二是基于交易双方的社会相似性所形成的信任，即施信者会对受信者进行相似性比较，如家庭背景、价值观念以及文化理念等，通常情况下，相似性越高，产生信任的程度越高。三是基于各种正式的制度机制所形成的信任，如各种法律制度等。

Ali 和 Birley（1998）认为形成信任的机制可以分为三种，分别为以制度为基础的信任、以受信方特征为基础的信任和以过程为基础的信任。同样地，Gefen 等（2003）的研究认为消费者信任的形成过程包括三个阶段。一是基于个人得出的信任和基于感知得出的信任，主要是基于人格特质因素和第一印象形成的；二是基于知识得出的信任，在与生产者多次交往期间，消费者对他的了解不再像初次接触时那样陌生，而是会了解得更全面；三是基于计算得出的信任，消费者通过对双方建立的关系进行成本效益评估来判断对方是否会采取投机行为。

现有文献关于消费者信任的形成机制做了大量的研究，虽然不同学科的学者对消费者信任的形成机制有不一样的理解，但是消费者信任的形成机制大同小异，在形成机制中都包含施信者、受信者和环境（如规章制度、法律法规等）等三个方面的内容。根据以上现有文献的研究，消费者信任的形成过程可以概括如下。

第一，消费者通过自身的认知，对产品有了一定的感受，又或是曾经购买过该企业的产品，通过一段时间的使用对产品有了全方位的了解，对其比较满意，觉得质量挺好，所以对企业的产品产生了信任；第二，“货比三家”是消费者在购买产品时普遍会做出的行为，消费者通过内心的估量，对相关商品进行比较，认为某企业的产品风险较低、不确定性较低、物超所值，因而对其产生一定的信任；第三，身边朋友、家人使用过该产品，对其评价很高，自然会给周围人推荐，进而使消费者产生信任，或者该企业是大品牌，口碑好、广告多，消费者也会受到一些影响，从而对其产生信任。

本书认为，在我国替代性食物体系中，绿色产品消费者信任的形成机制可以遵循以上信任的形成过程，消费者对绿色产品是否有购买意向反映了消费者对绿色产品是否信任，消费者具有购买意向说明其对该绿色产品充满信任。由于绿色产品的购买行为是受多种因素影响的选择行为，绿色产品的消费者信任也是一个受多种因素影响的概念，不仅表现在消费者对绿色产品本身及供应绿色产品各相关主体的信任，也表现在消费者对感知到的相关社会公共机构的风险监管能力的信任。因此，影响绿色产品消费者信任的因素也较复杂和广泛，可以认为，消费者对绿色产品的绿色消费态度在很大程度上决定了其是否有购买绿色产品的想法，购买绿色产品的意愿是否强烈，即消费者是否意识到环境问题已严重威胁到人类的生存和发展，是否愿意主动承担社会责任，为节省能源、减少污染、保护生态环境去进一步加强对有关绿色消费相关知识的了解，树立选择绿色消费行为的消费观，为自身安全健康而选择购买绿色产品。所以，消费者的绿色消费态度可以作为影响消费者信任的主要因素；而消费者的环保意识影响其对绿色产品的消费态度，环保意识越强的消费者对绿色产品持有越积极的消费态度，消费者信任也就越强。

而消费者的环境知识影响他们决定是否购买绿色产品时所感受到的社会压力，是绿色产品购买意向的基础。消费者拥有的环境知识越多，所感受到的社会压力就会越大，越能考虑绿色消费的环境利益，从而认为绿色消费是一种有利于人类自身和环境的高层次的理性消费，越会产生对绿色产品的消费者信任。另外，消费者对绿色产品的认知是促使绿色产品购买意向形成的动力，对绿色产品的认知越丰富的消费者，其绿色产品的购买意向越强烈。因此，当需要做出是否购买绿色产品的决策时，消费者较强的环保意识、较多的环境知识，以及对绿色产品节能、环保、健康等属性的认知都会让其有购买产品的想法，从而形成对绿色产品的消费者信任。由此，本书提出以下理论假设：

H5－5：消费者的环保意识正向影响我国绿色产品的消费者信任。

H5－6：消费者具有的环境知识正向影响我国绿色产品的消费者信任。

H5－7：消费者对绿色产品的认知正向影响我国绿色产品的消费者信任。

在绿色产品市场上，消费者对绿色产品的购买经历也会影响其对绿色产品的信任度。没有购买绿色产品经历的消费者会对绿色产品产生不信任，进而会怀疑市场上绿色产品的真实性，从而降低消费绿色产品有益于健康和环境的预期。在面对价格高出普通产品价格的绿色产品时，消费者甚至会害怕被骗，这削弱了他们的购买意向和购买动机，从而降低了对绿色产品的消费者信任。而有过购买绿色产品经历的消费者对于这种既能实现购买目的又能减少对环境破坏的购买行为，在理性人的假设下，会强化自己对绿色产品的购买意向和购买动机。因此，在这个意义上，消费者对绿色产品的购买经历提高了绿色产品的消费者信任，从而促进消费者对绿色产品的购买意向转化为实际的购买行为。

另外，作为绿色消费的对象，绿色产品被认为在生产和运输过程中无污染、无公害，是绿色环保、安全健康的产品，能达到人们的健康标准和环保要求。但是，由于现阶段我国绿色产品的认证标准尚不完善，还没有相应的标准来规范绿色产品的生产和销售，消费者无法依据有效的标志来鉴别绿色产品和普通产品。在此情况下，消费者往往信赖社会公共机构，因此，政府相关部门以及新闻媒体、消费者协会、第三方认证机构、食品安全协会等社会公共机构的监管作用有助于提高绿色产品的消费者信任，消费者越能感知到政府和社会相关机构的监管力度，越能提升对绿色产品的消费者信任。

除此以外，具有不同特征的消费群体对绿色产品也会表现出不同程度的消费者信任。据此，本书提出以下理论假设①：

H5-8：消费者绿色产品的购买经历正向影响我国绿色产品的消费者信任。

H5-9：消费者能感知到政府和社会相关机构的监管正向影响我国绿色产品的消费者信任。

H5-10：不同特征的消费者群体对我国绿色产品表现出不同程度的消费者信任。

（二）研究设计与研究方法

1. 变量设计

基于消费者信任的形成过程分析我国绿色产品的消费者信任的形成机制。通过上述理论分析，绿色产品的消费者信任与购买行为的发生是由许多因素共同作用形成的。根据研究目的，将我国绿色产品的消费者信任设为被解释变量，而将影响绿色产品消费者信任的因素设为解释变量，各变量的含义如下。

（1）被解释变量，即消费者是否信任绿色产品，信任取值为1，不信任取值为0。

（2）根据上面的理论分析，解释变量如下所示。

环保意识。环保意识可以用来解释消费者的实际消费行为和行为意向，由此影响消费者信任。一般来讲，具有环保意识的消费者在消费过程中更倾向于尽量避免对环境的污染和破坏，从而产生对绿色产品的消费者信任。根据问题“环境生态问题与我们每个人的生活息息相关”来考察，同意则说明具有环保意识，取值为1；不同意则说明不具有环保意

① 绿色产品的价格是一个影响消费者信任的很显然的因素，故未增加有关价格的假设。

识，取值为0。

环境知识。环境知识是消费者具有的与当前生态环境相关的知识，一般认为，消费者所具有的环境知识能够提升其对绿色产品价值的认知，进而影响其绿色消费行为，其绿色产品的消费者信任度会更高。根据问题“我经常通过电视、报纸、手机或其他渠道看到有关环境问题的报道”来考察，同意则说明具有环境知识，取值为1；不同意则说明不具有环境知识，取值为0。

绿色产品价格。由于绿色产品的价格要高于非绿色产品，消费者在购买绿色产品时就要承担一部分高出非绿色产品的溢价支出，根据经济学理论，产品的价格反映产品的价值，一般来讲，消费者会对价格相对较高的绿色产品产生较高程度的消费者信任。根据问题“与同等效能的非绿色产品相比，我会选择价格相对较高的绿色产品”来考察，同意则说明价格对绿色产品的消费者信任的形成不重要，取值为1；不同意则说明价格对绿色产品的消费者信任的形成很重要，取值为0。

绿色产品认知。绿色产品认知描述了消费者对绿色产品的认知程度，如对产品的价格、功能、质量、环保或健康属性、获取的渠道等方面的认知情况，具有绿色产品认知的消费者对绿色产品往往有更高的信任。根据问题“绿色产品相较于非绿色产品主要表现为价格高”来考察，同意则说明不具有绿色产品认知，取值为0；不同意则说明具有绿色产品认知，取值为1。

绿色产品购买经历。绿色产品购买经历是指消费者是否购买过绿色产品，一般来说，具有绿色产品购买经历的消费者对绿色产品有更高的信任。根据问题“我曾经购买过标识为绿色产品的产品”来考察，同意则说明有过购买绿色产品的经历，取值为1；不同意则说明没有购买绿色产品的经历，取值为0。

相关机构监管。政府相关部门和社会相关公共机构的监管可以有效地解决市场失灵的问题，即绿色产品市场中的信息不对称问题。一般来说，消费者越能感知到政府相关部门和社会相关机构对绿色产品市场的监管，其对绿色产品的消费者信任的程度就越高。根据问题“我能感知到政府和社会相关机构对绿色产品市场的监管”来考察，同意则说明消费者能感知到政府和社会相关机构的监管，取值为1；不同意则说明消费者没感知到政府和社会相关机构的监管，取值为0。

人口统计变量。人口统计变量用来描述消费者的特征，在此将之作为控制变量引入模型。具体包括：性别，男性取值为1，女性取值为0；年龄，35岁及以上取值为1，35岁以下取值为0；婚姻状况，已婚取值为1，未婚取值为0；收入，年收入在5万元及以上取值为1，年收入在5万元以下取值为0；受教育程度，大专及以上学历取值为1，大专以下学历取值为0。

2. 数据来源

样本数据来源于问卷调查，问卷调查的对象是河南省郑州市的常住居民，采用现场发放问卷、现场作答和现场回收的方式进行。针对问卷进行了预调查，结果表明问卷总体上具有较好的信度与效度。正式进行调查时，在现场发放问卷的过程中，尽量达到性别、年龄等人口统计变量的平衡。本次调查共回收问卷348份，剔除漏答和存在错误信息的问卷后最终得到有效问卷324份，有效回收率为93.1%。对调查数据进行整理，变量的描述性统计特征见表5-5。

表5-5　变量的描述性统计特征

变量	赋值说明	个数（取值为1）	占比（%）
消费者信任	1=信任绿色产品，0=不信任绿色产品	238	73.5
环保意识	1=具有环保意识，0=不具有环保意识	293	90.4
环境知识	1=具有环境知识，0=不具有环境知识	232	71.6
绿色产品价格	1=产品价格不重要，0=产品价格重要	62	19.1

续表

变量	赋值说明	个数（取值为1）	占比（%）
绿色产品认知	1=具有绿色产品认知，0=不具有绿色产品认知	198	61.1
绿色产品购买经历	1=购买过绿色产品，0=没购买过绿色产品	135	41.7
相关机构监管	1=能感知到相关机构监管，0=没感知到相关机构监管	227	70.1
性别	1=男性，0=女性	179	55.2
年龄	1=35及岁以上，0=35岁以下	167	51.5
婚姻状况	1=已婚，0=未婚	207	63.9
收入	1=年收入在5万元及以上，0=年收入在5万元以下	148	45.7
受教育程度	1=大专及以上学历，0=大专以下学历	219	67.6

3. *研究方法*

Logit模型是针对二分类和多分类被解释变量的一类离散型计量模型，其解释变量可以是定量数据或定性数据，被广泛应用于研究行为主体的选择过程。假设被解释变量Y是取值为0和1的随机变量，解释变量为X，根据以上对我国绿色产品消费者信任形成的理论分析，建立模型如下：

$$\ln\frac{p(Y_i=1)}{p(Y_i=0)}=\beta_0+\sum_{j=1}^{11}\beta_j X_{ij}+\mu_i$$

其中，$p(Y_i=1)$表示我国消费者信任绿色产品的概率；$p(Y_i=0)$表示我国消费者不信任绿色产品的概率；$p(Y_i=1)/p(Y_i=0)$即两者比值，表示我国消费者信任绿色产品的概率是不信任绿色产品概率的几倍。i为样本数，j为解释变量的个数。X_j（$j=1, 2, \cdots, 11$）表示影响我国绿色产品消费者信任形成的因素，即我国消费者的环保意识、环境知识、绿色产品价格、绿色产品认知、绿色产品购买经历、相关机构监管等虚拟解释变量，以及性别、年龄、婚姻状况、收入、受教育程度等人口统计变量。β_j（$j=1, 2, \cdots, 11$）参数与多元回归分析的回归系数一样，根据参数的显著性与符号方向说明其与被解释变量的关系，但在本书中，由于引进的解释变量均为虚拟变量，可以进一步计算每一个解释变量的发生比率，即 e^{β_j}，表示具有第 j 个解释变量属性的消费者信任绿色产品的概率是不具有该属性的 e^{β_j} 倍，发生比率越高，说明该解释变量与被解释变量的关联性越强。

（三）Logit 模型的估计结果与分析

1. Logit 模型的估计结果

利用 SPSS 软件对 Logit 模型进行极大似然估计，考虑到人口统计变量中的年龄、婚姻状况、收入等变量之间的相关性，同时引入模型会出现多重共线性，因此在估计的过程中这 3 个变量采用分别引入、其他解释变量全部引入的方式进行估计，结果如表 5－6 所示。

表 5－6 Logit 模型的估计结果

变量	模型 1（年龄）		模型 2（婚姻状况）		模型 3（收入）	
	系数	发生比率	系数	发生比率	系数	发生比率
常数项	-12.134*** (0.0001)	0.000	-17.234*** (0.003)	0.000	-27.993*** (0.000)	0.000
环保意识	1.731*** (0.000)	5.646	1.638*** (0.000)	5.145	1.682*** (0.000)	5.376
环境知识	1.026*** (0.000)	2.789	0.942*** (0.000)	2.565	0.873*** (0.000)	2.394
绿色产品价格	3.028*** (0.000)	20.656	2.787*** (0.000)	16.232	2.967*** (0.000)	19.434
绿色产品认知	0.778*** (0.000)	2.177	0.672*** (0.001)	1.958	0.926*** (0.000)	2.524
绿色产品购买经历	0.518*** (0.003)	1.679	0.627*** (0.001)	1.872	0.537*** (0.003)	1.711
相关机构监管	0.619*** (0.000)	1.893	0.681*** (0.000)	1.732	0.712*** (0.000)	2.052
性别	0.408** (0.021)	1.504	0.389** (0.013)	1.476	0.424** (0.041)	1.528

续表

变量	模型1（年龄）		模型2（婚姻状况）		模型3（收入）	
	系数	发生比率	系数	发生比率	系数	发生比率
年龄	0.397** (0.031)	1.487				
婚姻状况			0.502 (0.128)	1.652		
收入					0.832*** (0.002)	2.298
受教育程度	0.507*** (0.0021)	1.661	0.513*** (0.002)	1.670	0.696*** (0.001)	2.006
χ^2统计量	χ^2 = 60.552(p = 0.0002)		χ^2 = 59.032(p = 0.0001)		χ^2 = 63.923(p = 0.0000)	
Cox - Snell	R_{CS}^2 = 0.528		R_{CS}^2 = 0.519		R_{CS}^2 = 0.614	
Nagelkerke	R_N^2 = 0.722		R_N^2 = 0.649		R_N^2 = 0.738	
样本量	324		324		324	

注：括号内的数字为Wald统计量的伴随概率值，**、***分别表示在5%和1%的水平下显著。

根据表5-6，由3个模型的χ^2值和相应的伴随概率p值说明估计结果拟合得很好，进一步说明在以上模型中引入的解释变量可以有效地解释和预测被解释变量发生的概率。由3个模型的R_{CS}^2和R_N^2统计量，即Cox - Snell和Nagelkerke关联强度指标说明，每个模型中引入的解释变量与被解释变量之间至少具有中等程度的相关性，可以作为影响消费者绿色产品购买行为的因素做进一步的因果分析。3个模型中的χ^2值分别为60.552、59.032和63.923，且均通过显著性检验（相应的p值均小于0.01），但是模型3的χ^2值较大，所以本书选择模型3作为分析环保意识、环境知识、绿色产品价格、绿色产品认知、绿色产品购买经历、相关机构监管等单个解释变量对我国绿色产品消费者信任影响的基础模型。

2. 我国绿色产品消费者信任的影响因素分析

表5-6中单个解释变量的Wald统计量的伴随概率值，除了人口统计变量中的婚姻状况以外，其他解释变量均小于5%的显著性水平，说明

在引入的所有解释变量中，只有婚姻状况变量对我国绿色产品的消费者信任的影响不显著，其他解释变量均对我国绿色产品的消费者信任产生影响。根据模型3，环保意识、环境知识、绿色产品价格、绿色产品认知、绿色产品购买经历、相关机构监管等6个解释变量的回归系数均大于0，说明这6个解释变量对我国绿色产品的消费者信任具有正向的促进作用，和前面的理论分析一致，支持了前面的理论假设。不同之处体现在各解释变量的发生比率上，即各解释变量的影响程度不同。

（1）环保意识对我国绿色产品的消费者信任的影响。环保意识变量对应的发生比率为5.376，表示具有环保意识的消费者信任绿色产品的概率是不具有环保意识的消费者的5.376倍。环保意识是消费者对环境问题以及自身行为对环境影响的内在感知，具有环保意识的消费者会关注环境，日益严重的环境问题会引发他们保护环境的心理，提升对绿色产品的感知价值，增加绿色消费的需求。消费者的环保意识越强，对环境问题的认识会越深刻，因此，也就会越关注自身的消费行为对生态环境的影响。Balderjahn（1988）通过对消费者的调查研究发现，具有强烈环保意识的个体更倾向于参与生态消费活动，在产品消费过程中往往会选择具有环保属性的绿色产品，尽量避免对环境造成污染和破坏。

（2）环境知识对我国绿色产品的消费者信任的影响。环境知识变量对应的发生比率为2.394，表示具有环境知识的消费者信任绿色产品的概率是不具有环境知识的消费者的2.394倍。根据消费者行为理论，个体知识可以有效促进其行为的发生。具备环境知识的消费者在消费行为认知过程中会激发环保意识，加强对绿色产品的价值判断。消费者具备的环境知识越多，越会倾向于信任绿色产品的环保价值，从而购买注重环保的绿色产品。不具有环境知识的消费者认识绿色产品环保属性的能力要差，对绿色产品的信任度也较低。Pierce 和 Lovrich（1980）在研究公众的环保行为动机时也认为，当公众意识到一些行为发生时，他们生活的环境会被破坏，进而会导致一系列严重后果。他们内心就会倾向于把造成这一严重后果的责任归咎于自身，这样就会产生利他心理，这种心理会促使他们关注环境，并用实际行动保护环境。购买绿色产品是一种利他的环保行为，因此具有环境知识的消费者更倾向于信任并购买绿色产品。

（3）绿色产品价格对我国绿色产品的消费者信任的影响。绿色产品价格变量对应的发生比率为 19.434，表示认为价格不重要的消费者信任绿色产品的概率是认为价格重要的消费者的 19.434 倍。可以看出，绿色产品价格是影响绿色产品的消费者信任的重要因素。由于绿色产品具有节能环保、有益健康的属性，在设计环节和生产环节的认证标准较高，企业为生产绿色产品投入的成本要高于非绿色产品，相应地，绿色产品的价格也要比非绿色产品高，因此，消费者在购买绿色产品时还要多负担高出非绿色产品的那部分价格。根据本书的调查结果，发现在选择“不同意”（即认为在绿色产品的消费者信任中价格因素重要）选项的消费者中，年收入在 5 万元以下的占 91%，而在选择“同意”（即认为在绿色产品的消费者信任中价格因素不重要）选项的消费者中，年收入在 5 万元及以上的占 87%。这说明多数的消费者之所以对绿色产品的价格比较敏感，主要是受收入水平的影响，即便消费者信任绿色产品，愿意为环保和健康多承担一部分费用，但是，由于收入的约束，他们对绿色产品的购买意向也不一定能转化成实际的购买行为。

（4）绿色产品认知对我国绿色产品的消费者信任的影响。绿色产品认知变量对应的发生比率为 2.524，表示具有绿色产品认知的消费者信任绿色产品的概率是不具有绿色产品认知的消费者的 2.524 倍。绿色产品认知是指消费者对绿色产品相关属性的了解程度。井绍平（2004）通过对消费行为心理三个阶段的认知过程进行分析，认为消费者先关注某产品，然后收集产品的相关信息，进而对该产品进行价值判断。消费者在决策是否信任绿色产品，从而决策是否购买绿色产品时，也会对该绿色产品产生的收益和为它付出的成本进行比较判断。当前，绿色消费作为一种新的消费行为，其基本要求是对我们的身体有益，给我们的健康带来一定的帮助，并且可以保护我们的生活环境，而绿色产品最基本的属性就是利他的环保属性和利己的健康属性，消费者在对绿色产品和非绿色产品进行比较权衡时，绿色产品的有益健康、安全、环保等属性是激发消费者购买绿色产品的关键因素。因此，消费者对绿色产品的认知越多，就越能感知到消费绿色产品能带来较多的额外效用，也就越倾向于信任并购买绿色产品。

（5）绿色产品购买经历对我国绿色产品的消费者信任的影响。绿色产品购买经历变量对应的发生比率为 1.711，表示购买过绿色产品的消费者信任绿色产品的概率是没有购买过绿色产品的消费者的 1.711 倍。相对于绿色产品价格、环保意识、环境知识、绿色产品认知、相关机构监管来讲，这一倍数最低。一个可能的解释是，随着消费者环保意识的增强，以及政府对绿色发展的重视，绿色产品受到青睐，再加上政府也出台相应的政策对绿色生产的企业进行环保补贴和政策倾斜，一些企业受绿色产品差额利润的诱惑，使用“漂绿”代替真绿。在当前绿色产品的认证标准比较复杂、政府监管不到位、消费者与生产者之间产品质量信息不对称的条件下，消费者很难对绿色产品所具有的保护环境、有益于身体健康的特质做出准确的评价，加之生产企业对绿色产品的夸大宣传，如果消费者在购买绿色产品后并未为其带来诸如环境保护、节约能源、有益于健康等预期的绿色效用，就会降低他们对绿色产品的信任度。

（6）相关机构监管对我国绿色产品的消费者信任的影响。相关机构监管变量对应的发生比率为 2.052，表示能感知到政府和社会相关机构对绿色产品市场监管的消费者信任绿色产品的概率是没有感知到相关机构监管的消费者的 2.052 倍。这说明消费者越能感知到政府和社会相关机构的监管，对绿色产品的信任度就越高，进一步说明政府和社会相关机构对我国绿色产品市场的有效监管是提高我国绿色产品的消费者信任的有效途径。但是相对于绿色产品价格、环保意识、环境知识、绿色产品认知来讲，这一倍数偏低，说明虽然政府和社会相关机构监管部门的介入对打击绿色产品违法生产、保证绿色产品市场健康有序发展起到了一定的积极作用，提高了消费者对我国绿色产品市场的信任。但是各监管机构在监管能力和监管动力上的不足，导致我国现有的绿色产品市场的监管存在覆盖面不足、质量检测水平偏低、信息披露不充分等问题，消费者对各监管机构提供的有关信息的权威性和真实性会存在一定程度的质疑，加之不断爆发的食品安全事件，加剧了消费者对政府和社会相关机构监管的不信任。

（7）人口统计变量对绿色产品的消费者信任的影响。在人口统计变量中，性别变量的发生比率为1.528，表示我国男性消费者信任绿色产品的概率是女性消费者的1.528倍；年龄变量的发生比率为1.487，表示我国35岁及以上的消费者信任绿色产品的概率是35岁以下消费者的1.487倍；收入变量的发生比率为2.298，表示我国年收入在5万元及以上的消费者信任绿色产品的概率是年收入在5万元以下消费者的2.298倍；受教育程度变量的发生比率为2.006，表示在我国大专及以上学历的消费者信任绿色产品的概率是大专以下学历消费者的2.006倍。可以看出，相对于性别和年龄，收入和受教育程度的倍数更大，在我国收入越高的消费者越有能力购买比普通产品价格稍高的绿色产品，因此信任并购买绿色产品的概率就越高；而受教育程度越高的消费者对环境保护以及绿色消费等相关知识了解相对就会越多，因此也越会倾向于信任并购买绿色产品。

根据以上的实证结果可知，当前，随着生态环境破坏和产品伤害事件的频繁发生，消费者更加关注产品的安全、环保、健康等属性，绿色消费逐渐成为主流的消费习惯。作为一种崇尚环境友好、资源节约的消费方式，绿色消费倡导人们选购能节约资源、对环境和健康有益的绿色产品。因此，有必要对消费者绿色产品购买行为的影响因素进行研究，部分学者对该问题也进行了相关的研究，但大多从单一要素进行。实际上，消费者对绿色产品的购买行为是一系列的行为过程，即从对绿色产品的认知到对绿色产品产生消费者信任，再到付诸行动进行购买，因此，有必要从系统的角度对我国绿色产品的消费者信任和消费者绿色产品购买行为进行全面的研究。根据以上Logit模型的估计结果和分析，从整体上看，绿色产品价格、环保意识、环境知识、绿色产品认知、绿色产品购买经历和相关机构监管等因素对我国绿色产品的消费者信任均有显著影响。这与现有的相关研究结论几乎一致。

但是，在影响我国绿色产品消费者信任的因素中，绿色产品价格的影响最大（回归系数为2.967），这一结果的出现不排除可能受到调查样本的影响，但本书认为其主要还是源于大多数的消费者为普通收入者，对价格因素相对比较敏感。尽管绿色产品具有的环保和健康特性可以吸引消费者，让其愿意信任并购买绿色产品，但受收入的约束，消费者对高于普通产品价格的绿色产品的购买意向并不能转化为实际的购买行为。因此，降低绿色产品的价格，尤其是降低绿色产品与普通产品的差价是实现生活方式绿色化的主要途径。

环保意识和绿色产品认知对我国绿色产品的消费者信任的影响仅次于绿色产品价格（回归系数分别为1.682和0.926）。近年来，随着新闻媒体对环境问题的曝光和宣传等，消费者对生态环境危机产生了重视。由于绿色产品具有环保附加值，基于保护环境、节约能源和身体健康等因素的考虑，具有环保意识和绿色产品认知的消费者表达出积极的绿色消费态度和行为意向。因此，提高消费者的环保意识和对绿色产品的认知是倡导绿色消费的重要途径。

环境知识、相关机构监管、绿色产品购买经历对我国绿色产品的消费者信任的影响则相对较小（回归系数分别为0.873、0.712和0.537）。在我国，绿色产品市场处于起步上升期，市场上绿色产品的占有率较低，绿色产品的质量也是参差不齐，多数消费者对绿色产品的认识比较少。一般认为，消费者所具有的环境知识能够提升其对绿色产品价值的认知，进而影响其绿色消费行为。因此，加强生态环境知识的宣传，加强政府和社会相关机构对绿色产品市场的有效监管，从而提升消费者对绿色产品的信任和消费体验，这是促进绿色消费常态化的又一途径。

人口统计变量，即消费者的个体差异，除了婚姻状况以外，其他变量对绿色产品的消费者信任均存在显著影响。其中，收入和受教育程度的影响较大（回归系数分别为 0.832 和 0.696），随着收入和受教育程度的提高，在提高支付能力的同时，消费者对环保和个人健康的关注也会随之提高。因此，对消费人群进行市场细分，根据不同的个体差异进行区别对待，也是促进绿色消费常态化的重要途径。

（四）研究结论和对策建议

1. 研究结论

面对日益严峻的生态环境问题，随着消费者绿色消费意识的不断提高，其绿色消费行为也日趋普遍，在此过程中绿色产品的消费者信任至关重要。本章分析了消费者信任的形成过程，基于离散变量的 Logit 模型，通过对城镇居民进行问卷调查收集数据，对影响我国绿色产品的消费者信任的因素进行了实证分析，主要结论为：环保意识、环境知识、绿色产品价格、绿色产品认知、绿色产品购买经历、相关机构监管，以及性别、年龄、收入、受教育程度等人口统计变量均显著影响我国绿色产品的消费者信任。其中，具有环保意识的消费者信任绿色产品的概率是不具有环保意识的消费者的 5.376 倍；具有环境知识的消费者信任绿色产品的概率是不具有环境知识的消费者的 2.394 倍；具有绿色产品认知的消费者信任绿色产品的概率是不具有绿色产品认知的消费者的 2.524 倍；有过绿色产品购买经历的消费者信任绿色产品的概率是没有绿色产品购买经历的消费者的 1.711 倍；在购买绿色产品时认为绿色产品价格不重要的消费者信任绿色产品的概率是认为绿色产品价格重要的消费者的 19.434 倍；能感知到相关机构监管的消费者信任绿色产品的概率是没感知到相关机构监管的消费者的 2.052 倍。对于人口统计变量而言，35 岁及以上、大专及以上学历、年收入在5万元及以上的男性消费者信任绿色产品的概率更大。

2. 对策建议

目前环境与生态问题频发，环境保护部于2015年11月发布的《关于加快推动生活方式绿色化的实施意见》中指出，生活方式绿色化是推进我国生态文明建设的必由之路，要加快推进生活方式的绿色化。要想实现生活方式的绿色化，即生产者能够产出绿色健康的产品、消费者可以意识到绿色产品的重要性及特质，购买绿色产品就必须成为常态化。目前我国绿色产品市场正处在快速运行的轨道中，为了这一想法更快、更有效地实现，需要全社会的共同努力，而在我国绿色产品市场中形成消费者信任是行之有效的途径，根据以上实证过程和实证结论提出以下对策建议。

（1）加大政府对绿色产品的补贴。在我国当前国情下，政府进行适当的补贴是提高绿色产品市场占有率、普及消费绿色化，加快推进我国居民生活方式绿色化的最直接有效的途径。当然，政府既可以从供给侧对生产绿色产品的企业进行补贴，降低企业生产绿色产品的成本，以降低绿色产品的价格；也可以从需求侧对购买绿色产品的消费者进行补贴，以降低消费者对绿色产品的溢价支出。

（2）加强生态环境知识的宣传，提高消费者环保意识。根据前面的研究，出于保护环境、节约能源和身体健康等因素的考虑，具有环保意识和环境知识的消费者表达出积极的绿色消费态度和行为意向，因此，政府应加强对环境知识的宣传，提升消费者对生态环境知识的认识和了解，从而提高消费者的环保意识和参与环保的意愿。首先在宣传方式上，政府应采用多种宣传方式对公众进行环境教育，如通过对环境问题的曝光和宣传等，引起消费者对生态环境危机的重视。其次在宣传渠道的选择上，除了电视、报纸等传统方式以外，针对绿色产品的目标消费群体，政府应利用电脑、手机等媒介开拓新的传播渠道，如可以建立微信或微博公众交流平台。这不仅能够传播环境知识，也能够给消费者提供交流平台。

（3）加强绿色产品的推广宣传，提高消费者对绿色产品的认知。消费者在对绿色产品和非绿色产品进行比较权衡时，绿色产品的有益健康、安全、环保等属性是刺激消费者购买绿色产品的关键因素。因此，为了促进消费者对绿色产品的消费，首先，生产者在提供绿色产品使用方式和使用技巧说明的同时，应增加对该产品绿色环保效果的具体说明，这会提升消费者对绿色属性和绿色功能的认知度，激发其购买意向。其次，生产者要把握住消费者对产品有益健康、安全的强烈诉求，从这些点出发对绿色产品进行传播，转变传统的销售观念，强调绿色产品理念，着重于绿色销售。多让消费者了解绿色产品相较于非绿色产品所具有的绿色核心属性和功能，在信息不对称的情况下，让消费者能切切实实地体会到绿色产品的存在对保护环境和自身健康的重要性，感受到绿色产品所具有的独特品质，从主观和客观上充分认可绿色产品带来的效用，包括对自身以及对周边环境的效用，这有利于提高消费者个人对绿色产品的信任，进而激发消费者的购买意向。

（4）完善绿色产品的监督管理，提升消费者对绿色产品的信任和消费体验。一方面，绿色产品市场在我国处于起步上升期，绿色产品的质量也是参差不齐，许多印有“绿色产品”标识的产品并未带给消费者真实的绿色消费体验。另一方面，由于绿色产品的研发和生产成本均高于普通产品，很多企业为了降低成本，以非绿色产品代替绿色产品进行销售，引起了消费者对绿色产品功能的质疑，从而使消费者丧失了对绿色产品的信任。因此，政府应采取措施加强对绿色产品市场的监管，以提升消费者对绿色产品的信任。如对绿色产品的生产者进行生产标准化和规范化管理，确保绿色产品真实可靠；由政府设立的绿色产品认证机构对绿色产品统一认证；对通过绿色产品认证的企业由第三方机构或非营利组织进行宣传来代替企业的自我宣传；等等。此外，政府应做好坚实的后盾，从多个方面鼓励和扶持生产者和消费者，比如在税收上给予生产者一定的优惠、在政策法规上放宽对生产者一些方面的要求，但也要严格把控产品质量，从某种程度上讲，这也是在帮助生产者和消费者，有助于绿色产品市场的健康运行；也可以采取直接补贴的措施，让生产者感受到政府的支持与帮助，进而促使生产者规范生产绿色产品，不欺骗消费者，并提高其违规生产的成本。

（5）健全绿色产品认证体系，增加绿色产品的有效供给。面对日益严峻的生态环境问题，2015 年中共中央、国务院指出，应“协同推进新型工业化、信息化、城镇化、农业现代化和绿色化”；同年，党的十八届五中全会又提出“绿色发展理念”。随着上述政策的发布与宣传，消费者慢慢把焦点转向绿色消费，绿色产品供给和绿色消费行为成为当前社会关注的热点，《绿色产品标识使用管理办法》于 2019 年 6 月正式实施。但是，由于目前并没有一套规范的认证标准和标识体系，多数企业为追求额外利润用“漂绿”代替真绿，导致市场上的绿色产品真假难辨。因此，政府应尽快建立与出台系统科学、权威统一的绿色产品认证体系，规范绿色产品市场，正确引导绿色生产和绿色消费，营造绿色产品市场发展的良好环境，增加绿色产品的有效供给，提升消费者绿色消费的获得感和体验感。

三　替代性食物体系中消费者信任的演化机制

替代性食物体系是通过减少生产者和消费者之间的中间环节，促使从生产到餐桌流通的生态化和短链化的一种食物流通体系。目前来看，有各种形式的替代性食物体系的尝试，以社区支持农业、农夫市集、巢状市场、消费者购买团体等形式出现在消费者身边。不论生产者和消费者具体采用哪种方式进行交易，生产者想要卖出健康、绿色的产品，消费者需要获得无农药、安全、有机的食品，两方的目的都是节约资源、保护我们赖以生存的环境。在我国替代性食物体系中，绿色消费行为是一种节约资源的环保行为。

由于生态环境日益恶化，绿色产品渐渐出现在公众的视野中，出门讲究绿色出行，吃东西讲究绿色食品。目前绿色产品是大家所认可的保护环境、节约资源、对身体有益的产品。政府采取了很多措施，如加大宣传力度，让消费者和生产者树立起绿色生产、绿色消费的观念，从产品开始生产到送达消费者的手中，所有环节都是绿色的。政府采取的措施成果显著，不少消费者有了这样的意识，大家在选购商品时也会考虑环保无污染的商品，但不能忽视的是，很多消费者的这种意识还处于笼统、不确定的状态，在绿色消费行为中存在明显的消费态度和消费行为的不一致性，尤其是绿色产品在生产过程中需支付高额的生产成本，直接结果是其价格远高于普通产品，即使具有绿色消费观念的消费者也不愿意为绿色产品承担较高的溢价支出，加之绿色产品具有信任品属性，消费者在购买甚至使用后都无法辨别其真伪。因此，在绿色产品市场上消费者信任是至关重要的，尤其是当消费者要为绿色产品支付溢价时，取得消费者的信任更为关键。但是，相对于普通产品，绿色产品包含更多的信息，加之市场上“漂绿”现象频发，当前我国消费者对绿色产品的信任水平并不高，因而他们并不是很热衷于购买绿色产品，这阻碍了绿色产品市场的发展，直接影响了生产者对绿色产品生产的意愿。

因此，绿色产品市场上消费者信任问题日益突出，已经成为制约我国绿色产品市场发展的重要因素之一。生产者负责生产环保安全的产品，消费者为了自身健康选择购买绿色产品，看似两个独立的过程其实是一个整体，生产者和消费者共同商议能否生产绿色产品、生产哪些绿色产品。虽然消费者不能决定生产者生产什么产品，但可以决定自己购买哪些产品从而影响生产者，生产者需要市场的反馈来调节控制生产销售策略。因此，绿色产品的生产和消费之间有着深层次的博弈演化和交互耦合，是生产者和消费者在绿色产品市场上的博弈过程，该博弈过程实际上正体现了我国绿色产品消费者信任的演化过程。尽管当前随着我国经济的发展和人们生活水平的提高，绿色消费市场发展迅速，但是其发展规模的真实性遭到质疑。多数消费者在态度上支持绿色消费，但在实际购买时关注产品的价格、品质等因素多于关注环境因素，因此，仅有的绿色标志不足以成为消费者进行绿色消费行为决策的决定因素，消费者对绿色产品的认知和信任度起着更为关键的作用。通过使用演化博弈方法，将博弈分析与动态演化结合起来，假设绿色产品的生产者和消费者均为有限理性的经济人，为追求收益（效用）的最大化进行重复博弈，进而形成演化稳定策略。本部分通过探究绿色产品生产和消费的内在演化机制，进一步分析我国绿色产品消费者信任的演化路径，对促进我国绿色产品生产和消费的良好互动、形成稳定健康的绿色消费市场具有重要的理论和实践意义。

（一）演化博弈模型的构建

根据上面的分析，由于在绿色产品的开发设计、清洁生产等方面需要额外的成本，生产者在生产绿色产品时就需要更高的投入，而消费者在购买绿色产品时也需要担负更高的溢价，加之我国消费者对具有信任品特征的绿色产品的信任水平并不高，生产者对绿色产品行业的发展前景担忧，消费者对绿色产品的安全性存在疑惑，所以双方的积极性都不高。下面通过建立生产和消费的演化博弈模型，分析如何持续提高我国绿色产品的消费者信任，使绿色产品的生产和消费成为生产者和消费者最优策略的条件。

1. 模型假设和收益矩阵

假设在我国绿色产品市场中有生产者和消费者两个群体，生产者和消费者都是有限理性的经济人，为了获取自身的利润（效用）最大化，两个群体会进行多次博弈以做出最佳决策，最终达到博弈均衡。为了建立绿色产品市场上生产者和消费者的演化博弈模型，本部分做出以下假设：

H5－11：博弈方和行为策略。绿色市场中生产者 S 和消费者 X 为博弈方，都为有限理性的经济人，受有限理性的影响，很难在一次博弈中形成各自的最优策略。生产者作为绿色产品的生产主体，其生产行为不仅取决于自身获取利润的需要，同时也受到政府相关部门和消费者行为的影响。生产者有两种选择，即生产或不生产绿色产品。

相对应地，消费者作为绿色产品的购买群体，其消费行为不仅受收入、消费观念等自身的因素影响，同时也会受到外界诸多因素的影响，如生产或销售企业为推销绿色产品所投放的广告、政府和社会相关机构为倡导绿色消费所做的各种宣传等。消费者有两种选择，即信任绿色产品进行购买，或不信任绿色产品拒绝进行购买。

H5－12：博弈双方的收益。对于生产者来说，由于和消费者的信息不对称、投机心理以及政府相关减免和惩罚政策等因素，生产者会在生产与不生产绿色产品策略中进行选择，以获取自身的最大利益。生产者在策略选择中如果选择生产绿色产品，首先可以获取生产普通产品的一般收益，用 r 表示，另外，环境会得到相应的改善，所以还能获得部分额外收益 Δr；同时，为了使环境与经济协同发展，政府想出一系列办法鼓励生产者生产出健康安全的绿色产品，对于生产绿色产品的企业政府会给予一定的激励补贴 f，并减免其生产非绿色产品所征的污染税费 g；但是为了使对生态环境的损害最小，绿色产品从研发设计、生产到回收处置整个过程都有非常严格的要求，因此生产者为了生产绿色产品也会付出额外的成本 $c1$。

同样地，消费者也会由于双方信息的不对称、对绿色产品的价值感知、各种产品价格的差异等因素，在信任并消费绿色产品和不信任并不消费绿色产品之间进行选择，以期获取自身的效用最大化。

如果消费者信任绿色产品并选择购买，既可以获得消费普通产品的一般收益，用 v 表示，还可以得到部分额外收益 Δv，这是因为购买的绿色产品具有环保属性；但我们知道绿色产品的成本较高，所以价格也会比普通产品高出一些，与购买普通产品相比，消费者要付出额外的成本 $c2$ 才能得到绿色产品。前面所述的前提条件是生产者确实生产了绿色产品，假设生产者并未生产绿色产品，因为有信息不对称的情况存在，消费者若用购买绿色产品的成本购买了普通产品，他们会感觉受到欺骗，这种情况下消费者会有更高的额外成本 $c3$，然而这种成本不是得到绿色产品与普通产品的差额 $c2$ 就能够抵消掉的，所以可知 $c3 > c2$。

基于以上假设，可以得到在生产者生产绿色产品、消费者信任并消费绿色产品过程中建立的博弈策略组合，生产者和消费者博弈的收益矩阵如表 5-7 所示。

表 5-7 生产者和消费者博弈的收益矩阵

博弈策略	消费者信任并消费绿色产品	消费者不信任并不消费绿色产品
生产者生产绿色产品	$r+\Delta r+f-c1,\ v+\Delta v-c2$	$r+f-c1,\ v$
生产者不生产绿色产品	$r-g,\ v-c3$	$r-g,\ v$

2. 演化博弈模型

演化博弈理论主要包括两方面的内容，即复制动态方程和演化稳定策略，以有限理性的经济人处于不完全信息状态为前提条件，通过建立模型分析研究对象演化的动态过程，并分析研究对象达到这一状态的原因以及如何达到这一状态。

根据表 5-7 生产者和消费者博弈的收益矩阵可知，作为具有学习能力的有限理性个人，生产者和消费者在绿色产品的生产和消费过程中各有两种行为策略选择，即生产者是否生产绿色产品、消费者是否信任并消费绿色产品。显然，在替代性食物体系下，“生产者生产绿色产品、消费者信任并消费绿色产品”是最理想的策略组合，这也是我国绿色产品消费者信任演化的均衡状态。

想要使其达到均衡状态，生产者生产绿色产品、消费者信任并消费绿色产品就要成为优先策略，且无论双方选择的是何种策略。在演化博弈分析中，博弈双方均被假定为有限理性，因此，绿色产品生产和消费的演化过程是在一个具有不确定性和有限理性的空间中进行的。生产者和消费者需要通过长期反复的“切磋”，在经常性的交流、试探的过程中，经过不断地试错和选择，根据对方的策略来调整自身的策略，从而做出最优决策，形成各自的占优策略直至达到均衡。

对于有限理性的博弈双方来说，纯策略的纳什均衡仅具有参考价值。在实际分析中不会有这样的均衡，需要反复考量的是博弈双方利用复制动态方程所进行的动态博弈。

根据以上分析，假设生产者 S 选择生产绿色产品的概率为 Q，则选择不生产绿色产品的概率为 $1-Q$；消费者 X 选择信任并消费绿色产品的概率为 P，选择不信任并不消费绿色产品的概率为 $1-P$。以下讨论博弈双方各自策略选择的动态演化过程。

假设消费者选择“信任并消费绿色产品”策略的期望收益、选择“不信任并不消费绿色产品”策略的期望收益和混合策略的平均期望收益分别为 $E_P(X)$、$E_{1-P}(X)$ 和 $E(X)$。根据表5-7，可得消费者选择各种策略的期望收益分别为：

$$E_P(X)=Q(v+\Delta v-c2)+(1-Q)(v-c3)=Q\Delta v-Qc2+v-c3+Qc3$$

$$E_{1-P}(X)=Qv+(1-Q)v=v$$

$$E(X)=P[E_P(X)]+(1-P)[E_{1-P}(X)]=QP\Delta v-PQc2+PQc3-Pc3+v$$

当 $E_P(X)>E(X)$ 时，消费者选择“信任并消费绿色产品”策略的概率 P 会随着时间的推移而增加；当 $E_{1-P}(X)>E(X)$ 时，消费者选择“信任并消费绿色产品”策略的概率 P 会随着时间的推移而减小。因此，消费者信任并消费绿色产品的概率 P 将按照如下的复制动态方程确定的方向进行演变，即：

$$F(P)=P[E_P(X)-E(X)]=P(1-P)(Q\Delta v-Qc2+Qc3-c3) \qquad (5-1)$$

$F(P)$ 代表随着时间的推移，消费者选择“信任并消费绿色产品”策略的变化率。

与上述相同，假定生产者选择“生产绿色产品”策略的期望收益、选择“不生产绿色产品”策略的期望收益和混合策略的平均期望收益分别为 $E_Q(S)$、$E_{1-Q}(S)$ 和 $E(S)$。根据表 5-7，可得生产者选择各种策略的期望收益分别为：

$$E_Q(S)=P(r+\Delta r+f-c1)+(1-P)(r+f-c1)=P\Delta r+r+f-c1$$

$$E_{1-Q}(S)=P(r-g)+(1-P)(r-g)=r-g$$

$$E(S)=Q[E_Q(S)]+(1-Q)[E_{1-Q}(S)]=QP\Delta r+Qf-Qc1+Qg+r-g$$

基于同样的逻辑和思路，可以得到生产者选择“生产绿色产品”策略的复制动态方程，即：

$$F(Q)=Q[E_Q(S)-E(S)]=Q(1-Q)(P\Delta r+f-c1+g) \qquad (5-2)$$

$F(Q)$ 表示随着时间的推移，生产者选择“生产绿色产品”策略的变化率。

（二）绿色产品生产和消费的演化博弈分析

1. 动态模型的均衡点稳定性分析

由式（5-1）和式（5-2）构成该博弈的复制动态系统。令 $F(Q)=0$，$F(P)=0$，可得复制动态系统可能的局部均衡点，即演化稳定策略，分别为 O（0，0）、$F1$（0，1）、$F2$（1，1）、$F3$（1，0）和 $F4$（$Q1$，$P1$），其中 $Q1=c3/(\Delta v-c2+c3)$，$P1=(-f+c1-g)/\Delta r$。根据 Friedman（1991）提出的方法，局部均衡点的稳定性可以由雅克比矩阵的局部稳

定性分析得到。

利用式（5－1）和式（5－2）分别对 P 和 Q 求偏导，可以计算该系统的雅克比矩阵 J 和其迹 $tr(J)$，即：

$$J=\begin{bmatrix}\frac{\partial F(Q)}{\partial Q} & \frac{\partial F(Q)}{\partial P}\\ \frac{\partial F(P)}{\partial Q} & \frac{\partial F(P)}{\partial P}\end{bmatrix}=\begin{bmatrix}(1-2Q)(P\Delta r+f-c1+g) & Q(1-Q)\Delta r\\ P(1-P)(\Delta v-c2+c3) & (1-2P)(Q\Delta v-Qc2+Qc3-c3)\end{bmatrix}$$

$$tr(J)=\frac{\partial F(Q)}{\partial(Q)}+\frac{\partial F(P)}{\partial(P)}$$

根据系统局部稳定性的数学判别方法，当矩阵的行列式大于 0 并且其迹小于 0 时，系统就处于局部稳定状态。将上面 5 个局部均衡点分别代入可得到 5 个雅克比矩阵，分别为：

$$J(0,0)=\begin{bmatrix}f-c1+g & 0\\ 0 & -c3\end{bmatrix};\qquad J(0,1)=\begin{bmatrix}\Delta r+f-c1+g & 0\\ 0 & c3\end{bmatrix};$$

$$J(1,1)=\begin{bmatrix}-\Delta r-f+c1-g & 0\\ 0 & -\Delta v+c2\end{bmatrix};\qquad J(1,0)=\begin{bmatrix}-f+c1-g & 0\\ 0 & \Delta v-c2\end{bmatrix};$$

$$J(Q1,P1)=\begin{bmatrix}0 & \frac{c3(\Delta v-c2)\Delta r}{(\Delta v-c2+c3)^2}\\ \frac{(-f+c1-g)(\Delta r+f-c1+g)(\Delta v-c2+c3)}{\Delta r^2} & 0\end{bmatrix}$$

根据前面假设中参数的符号与参数之间的关系，得出 5 个雅克比矩阵行列式和迹的符号，进一步了解在不同的情况下演化博弈系统的均衡点的稳定性，见表 5－8。

表 5－8　均衡点的稳定性分析结果

均衡点	行列式的符号	迹的符号	稳定性
(0, 0)	+	－	稳定
(0, 1)	－	+ 或 －	不稳定
(1, 1)	+	－	稳定

续表

均衡点	行列式的符号	迹的符号	稳定性
(1，0)	-	+或-	不稳定
($Q1$，$P1$)	不定	不定	鞍点

根据表5-8可以得出，围绕消费者信任通过对绿色产品的生产和消费进行演化博弈分析，得到该演化博弈系统的5个均衡点，在不同的条件下有两个均衡点——（0，0）和（1，1）具有局部稳定性，即（生产绿色产品，信任并消费绿色产品）和（不生产绿色产品，不信任并不消费绿色产品），此时系统达到局部稳定性。也就是说，如果消费者选择信任并消费绿色产品，其收益大于付出的成本，那么在反复几次博弈后，消费者还会做此选择；而如果消费者信任并消费绿色产品后，认为收益不足以弥补成本，那么在长期博弈之后，消费者会选择不信任并不消费绿色产品。生产者是否生产绿色产品也是同样的逻辑。

同时该演化博弈系统还有两个不稳定的均衡点——（0，1）和（1，0）以及一个鞍点，即待均衡点（$Q1$，$P1$）。不稳定的均衡点和待均衡点向哪个稳定的均衡点收敛，取决于生产者“生产绿色产品”和消费者“信任并消费绿色产品”策略的收益和成本的比较及相关的影响因素。

目前经济处在高质量发展阶段，人们不再是单单追求温饱，也要吃得绿色、健康，消费者追求的变化使得绿色产品出现在大众眼前。因此有必要研究哪些因素影响策略选择向（1，1）均衡点收敛，即对于生产者来说，无论消费者选择什么样的策略，“生产绿色产品”都是其主导策略；而对于消费者来说，无论生产者选择什么样的策略，“信任并消费绿色产品”都是其主导策略。最终形成生产者愿意生产绿色产品、消费者愿意信任并消费绿色产品的均衡。

2. 影响因素分析

根据博弈过程中双方收益函数参数的变化，对于生产者来说，要使“生产绿色产品”成为其主导策略，就是要满足选择“生产绿色产品”策略的期望收益大于选择“不生产绿色产品”的期望收益，并且也大于选择混合策略的平均期望收益，即需要满足以下条件：

$$\begin{cases} E_Q(S) - E_{1-Q}(S) = P\Delta r + f - c1 + g > 0 \\ E_Q(S) - E(S) = (1-Q)(P\Delta r + f - c1 + g) > 0 \end{cases} \quad (5-3)$$

由于 P 和 Q 都是概率值，即 $0 \leqslant P \leqslant 1$，$0 \leqslant Q \leqslant 1$，$1-Q$ 一定大于0，对式（5－3）进行整理后可以得到：$\Delta r + f > c1 - g$。Δr 表示生产绿色产品给生产者带来的额外收益，f 表示政府对生产者生产绿色产品给予的补贴，$c1$ 表示生产者生产绿色产品所付出的额外成本，g 表示政府对生产者不生产绿色产品所征的污染税费。作为有限理性的经济人，生产者在生产博弈过程中要追求收益的最大化，因此，$\Delta r + f$ 越大，或者 $c1 - g$ 越小，生产者越倾向于选择生产绿色产品，也可以认为只要 $\Delta r + f > c1 - g$，生产者就会选择“生产绿色产品”策略。

同理，对于消费者来说，要使“信任并消费绿色产品”成为其主导策略，就是要满足选择“信任并消费绿色产品”策略的期望收益大于选择“不信任并不消费绿色产品”的期望收益，并且也大于选择混合策略的平均期望收益，即需要满足以下条件：

$$\begin{cases} E_P(X) - E_{1-P}(X) = Q\Delta v - Qc2 + Qc3 - c3 > 0 \\ E_P(X) - E(X) = (1-P)(Q\Delta v - Qc2 + Qc3 - c3) > 0 \end{cases} \quad (5-4)$$

同样地，根据 $0 \leqslant P \leqslant 1$，$0 \leqslant Q \leqslant 1$，对式（5－4）进行整理可以得到 $Q\Delta v - Qc2 + Qc3 - c3 > 0$，进而得到 $\Delta v > c2$。其中 Δv 表示消费者信任并消费绿色产品所带来的额外收益，$c2$ 表示消费者消费绿色产品所支付的额外成本。同样作为有限理性的经济人，消费者在进行消费博弈的过程中，总是追求效用的最大化，因此，只要 $\Delta v > c2$，消费者就会选择“信任并消费绿色产品”策略。

综合以上分析过程，本章认为影响生产者和消费者双方策略选择的因素有以下三个方面。

（1）Δr 和 Δv，即生产者生产绿色产品、消费者信任并消费绿色产品各自获得的额外收益。对于生产者来说，生产绿色产品获得的额外收益使得生产者有更大的动力生产更多的绿色产品；相同地，对于消费者来说，绿色产品有助于身体健康、保护环境，可以带来较多的额外收益，那么消费者就愿意购买较多的绿色产品。当然，生产和消费绿色产品带来的额外收益越少，两者越没有动力生产和消费绿色产品。

（2）$c1$ 和 $c2$，即生产者生产和消费者消费绿色产品所付出的额外成本。对于生产者来说，在生产绿色产品的过程中所付出的额外成本越低，他们就越有动力选择生产绿色产品；同样地，对于消费者而言，消费绿色产品所付出的额外成本越小，他们就越有动力选择消费绿色产品。反之，生产和消费绿色产品所付出的额外成本越多，作为有限理性的经济人，生产者和消费者越不愿意生产和消费绿色产品。

（3）f 和 g，即政府对生产者生产绿色产品给予的补贴和不生产绿色产品所征收的污染税费。当生产者生产绿色产品时，政府给予其较多的污染补贴，或是在某方面进行扶持；当生产者选择生产普通产品时，政府对其征收较多的污染税费。生产者会选择生产绿色产品，是因为有政府做坚实的后盾。反之，生产者有较大的概率选择不生产绿色产品。

总之，为了实现生产者“生产绿色产品”和消费者“信任并消费绿色产品”这一均衡策略组合的出现，对于生产者而言，需要满足 $\Delta r + f > c1 - g$；对于消费者而言，需要满足 $\Delta v > c2$。

（三）研究结论和政策启示

面对日益严峻的环境和生态问题，国家出台了与绿色发展相关的政策文件。在此期间，大众的绿色环保消费意识也在增强，生产者注意到这一点，开始着重宣传绿色产品的意义，将其作为具有独特性的产品开辟了新的领域。正是在这样的背景下，本书以经济学中常讲的有限理性经济人，即生产者追求收益最大化和消费者追求效用最大化为基础，对绿色产品的生产和消费行为进行了演化博弈分析。通过分析得出，要想让“生产绿色产品”和“信任并消费绿色产品”分别成为生产者和消费者的最优选择，对于生产者而言，需要满足 $\Delta r + f > c1 - g$，即需要满足生产绿色产品的额外收益和得到的政府补贴之和大于生产绿色产品所付出的额外成本与政府对不生产绿色产品所征收的污染税费之差；对于消费者而言，需要满足 $\Delta v > c2$，也就是说消费者获得的额外收益（如身体健康、保护环境、节约资源等）要大于所付出的额外成本。

综合而言，在我国绿色产品市场上，生产者和消费者对各种影响因素的处理和对自身利益的感知将影响其不同的策略选择，而且，两者所做出的策略选择也将影响对方进一步的策略选择，即若消费者选择信任并消费绿色产品，则生产者会选择生产绿色产品；若生产者选择生产绿色产品，由于信任的存在，消费者会优先选择消费绿色产品，如此下去会促使生产者和消费者形成良好互动，最终有望形成良性循环，实现绿色产品市场的健康发展。目前绿色产品市场发展态势良好，为使该市场更快发展，增强消费者信任是行之有效的快捷途径，在此过程中，生产者要充分发挥绿色产品的生产主体作用，承担起保护生态环境的社会责任，在保证不影响产品质量的前提下尽最大可能缩减成本，进而降低销售价格。这会吸引一些有意向消费绿色产品但由于价格因素一直处在观望中的潜在客户。生产者与消费者之间存在信息不对称的情况，生产者应该采取一些措施让消费者意识到绿色产品的存在与使用绿色产品对于自身健康以及保护环境的重要意义，让消费者有强烈的意愿去消费绿色产品。消费者是绿色产品市场中很重要的主体，是该市场得以正常运行的不可缺少的部分。消费者应该主动通过各种渠道认识与了解绿色产品，关注生态环境的变化。政府应加大宣传和扶持力度，一方面在帮助生产者宣传的同时也有助于消费者加深对绿色产品的了解，另一方面降低双方的额外成本。另外，政府应履行监管职责，完善绿色产品的认证程序与标准体系，提高行业产品的标准和深化环境的规制要求。

第六章　替代性食物体系中消费者信任机制的建构与保障

替代性食物体系健康顺利的发展取决于诸多因素，消费者信任机制的建构与保障是关键因素。信任机制的建构需要做到以下几点：生产者主动实现生产过程的透明化，通过各种线上和线下的交流让消费者了解生产过程；生产者和消费者骨干通过各种活动，让消费者和利益相关者参与到生产过程中；生产者和消费者共同通过构建“触空间”，形成“食物社区”，由单纯的食物生产和获取上升到有大致相同的个人价值追求和公共利益追求；有效的参与式保障体系的建立与运行。参与式保障体系对于促进信任机制的形成和良性运行有着非常重要的意义，我国需要积极建立该体系。

一　消费者信任如何影响其满意度：一个简单的文献回顾

工业革命后，农业食品领域的工业化生产与流通在给人们生活带来便利的同时，也引发了很多方面的问题，如我们生活的环境遭到破坏、碳排放过多、食品安全带来的一系列危机、小农边缘化和小农生计的难以维系等。以本地化、绿色为目标的替代性食物体系的倡导和零星实践可追溯到20世纪20年代，兴起于20世纪60年代。当时，一批关注环境保护、食品安全和小农生存的中等收入群体自发组织起来，和本地小农户合作，创造出如CSA型农场、农夫市集等一些新的绿色产品生产流通组织和方式，这与远距离、大规模运输、商业化的主流食物体系有较明显的区别。Polanyi等（2015）认为主流的市场机制会催生出相应的对抗性社会运动，替代性食物体系便是这种社会运动之一。在我国具有代表性的观点是，中等收入群体的兴起和食品安全事件的频发导致社区支持农业和农夫市集在大城市出现，它们是消费者和生产者联合自救的一种自组织（石嫣等，2011）。

从替代性食物体系的发展实践来看，一些注重环保和食品安全的中等收入群体对主流食物体系失望后，积极推动替代性食物体系的产生，并从中采购产品。然而，即使在替代性食物体系出现较早的国家如美国，替代性食物体系的规模和主流食物体系相比也是非常小的。

一个很自然的问题就需要去追踪和回答，在对主流食物体系失望的这些中等收入群体加入替代性食物体系后，他们对替代性食物体系的态度会影响其消费的满意度吗？如果影响，是如何影响的？这个问题之所以重要，是因为这类中等收入群体比较重视环境保护，认同替代性食物体系的主要理念。从实践上看，回答这个问题，有助于研究中等收入群体的消费规律，为扩大替代性食物体系消费群体规模提供理论依据；从理论上看，有助于丰富对绿色消费者行为的研究。本章尝试基于中国当下的情境和数据，对这一问题进行回答。

2008 年，国内第一家 CSA 型农场——小毛驴市民农园在北京成立后，CSA 型农场如雨后春笋般在中国大中城市郊区或周边发展起来。2015 年，有机农夫市集在北京、上海、广州等大城市也开始出现，受到了中等收入群体的欢迎。同时，还有分散于若干主要城市的十几家生态农夫市集（司振中等，2018）。随着替代性食物体系在我国的实践和规模的扩大，相应的研究也出现和增多了。现有文献围绕与本书研究相关的主题进行了以下几方面研究。①替代性食物体系的主要特征是什么？替代性食物体系将生产者和消费者直接联系起来，使脱嵌性的食品市场重新嵌入社会制度之中（刘飞，2012）。替代性食物体系的核心特征是本地化、绿色环保（McMichael，2009）。替代性食物体系可以提高社会经济的公平性，而主流食物体系导致社会经济不公平性加大（Feenstra，

1997）。在替代性食物体系中，消费者和生产者的网络互动造就了一种“触空间”，形成了“食物社区”（Hayden and Buck，2012）。②消费者为什么愿意从替代性食物体系中采购绿色产品？实证研究表明，消费者希望从替代性食物体系中采购并消费绿色产品的主要动机是：获得绿色食品、新鲜食品、支持本地的农业生产、体验生产过程（Kelvin，1994）。我国消费者的主要目的是获取绿色安全农产品等个体利益，对体验生产过程、支持本地的农业生产、培养自身环保意识等社会功能考虑不足（杨波，2014）。特别值得一提的是，与西方国家消费者不同，我国消费者对商业绿色认证体系的信任度较低（石嫣等，2011；陈卫平等，2011），这也是消费者愿意从替代性食物体系中采购绿色产品的主要原因之一。③如何建立消费者对替代性食物体系的信任？在替代性食物体系中，开放的生产方式、共享的第三方关系、农场生产者的关怀理念、与消费者的频繁互动、高质量农产品的供应是建立消费者信任的有效方法（陈卫平，2015b）。在建立信任的过程中，消费者社交媒体的参与会起到积极的作用（谭思、陈卫平，2018）。在我国处于探索阶段的参与式认证是信任机制建构的重要手段和保障措施（温铁军、孙永生，2012）。替代性食物体系在我国与互联网的融合度高，互联网在信任关系建立中起到了正向作用（帅满，2013）。我国的替代性食物体系在以后的发展中，需要重视以法律法规为基础的“制度信任”（张纯刚、齐顾波，2015）。④替代性食物体系中消费者的满意度如何被影响？产品品种少、交通不便会对消费者的满意度产生负面作用（Pelch，1996）。采摘活动可以提高消费者的效用，储存活动则带来负效用（Kolodinsky and Pelch，1997）。生产者和消费者若能深度互动，会显著提高消费者的满意度（Hayden and Buck，2012）。消费者观察到的产品质量和对替代性食物体系所持的态度都会影响其满意度（Carzedda et al.，2018）。在产品方面，影响消费者满意度的是质量把关情况、卫生状况、品种多样性和口感。在服务方面，影响消费者满意度的分别是在承诺的时间内配送产品、权益变更的及时通知、解决问题的态度与能力、交易过程中的安全感和农场人员是否具备足够的专业知识（陈卫平等，2011）。

现有文献为本书研究提供了丰富的素材，同时也可以看到，关于消费者对替代性食物体系的态度如何影响其满意度没有直接的研究。

二　消费者信任的关键概念

对替代性食物体系中消费者信任的讨论，本书借助四个概念来分析：满意度、感知质量、对替代性食物体系的态度、对替代性食物体系活动的参与度。为了刻画出影响的路径，本章使用的模型是结构方程模型。

（一）满意度

满意度反映了消费者对某个产品或某项服务的评价，是消费者消费活动所获效用的反映（Kannan，2017）。在替代性食物体系中，满意度体现了消费者对替代性食物体系的整体认可状况，既包括购买时的，又包括购买后的体验。满意度和购买行为有着紧密而直接的关系：满意度的提高会促使消费者再次购买该商品（Chang et al.，2014）。满意度和购买行为不是直接关联的，绿色产品是一种信任品，在两者的关联中信任起到了关键性作用。此外，消费者在不同购买渠道间的切换成本、缺乏有吸引力的备选也会影响其满意度和购买行为之间的关联度（Aydin et al.，2005）。

（二）感知质量

在选择产品时，消费者会根据产品内在和外在特征，综合评价其质量，既有客观性，也有主观性。在替代性食物体系中，产品的外在属性主要包括物理特征，如颜色、味道、新鲜程度等；内在属性包括价格、产地等。经济学家将商品分为搜寻品、经验品和信任品。搜寻品的质量消费者在购买前就可以判断；经验品只有在消费后才能判断其质量；而信任品即使在消费后也很难判断其质量，绿色产品就属于信任品（Caswell and Mojduszka，1996）。与主流食物体系中的消费者相比，替代性食物体系中的消费者更关注产品是否绿色环保、是否本地生产等属性。本书中的“感知质量”用与替代性食物体系中消费者的购买行为紧密相关的若干指标来表示，借鉴了 Hansen（2005）的方法。

（三）对替代性食物体系的态度

消费者对某一类商品的态度会直接影响其购买意向，也是预测其购买行为的先行指标之一（Ajzen，1991）。在消费者行为研究领域，态度表示在购买前消费者的一种个人的正向或负向的看法，这种看法包含个人的感情、意图和信任。大量的实证研究结论表明，态度和购买意向间有正向的关联。在绿色产品的消费中，态度是购买行为与健康和环保的诉求之间的中介变量。本书借鉴了 Archer 等（2003）的方法，用一些调查指标反映消费者对替代性食物体系的态度。

（四）对替代性食物体系活动的参与度

替代性食物体系有一个显著的特点，就是比较重视生产者和消费者之间的互动，比较重视引导消费者对生产过程的体验。以社区支持农业为例，生产者会邀请消费者去农场实地体验生产过程或采摘，生产者也会举办一些亲子活动。在农夫市集中，生产者会现场制作食品或请消费者参与共同制作食品。在替代性食物体系的网络空间中，消费者和生产者之间也会进行较为频繁的互动，形成网络上的“触空间”。在主流食物体系中，消费者对自己购买的产品从哪里来、生产过程是什么、是谁生产的一无所知。而替代性食物体系会通过各种交流互动活动，让消费者清晰地知道，他所购买的食品是从哪里来的、是由谁生产的、是如何生产的、谁参与了生产和流通环节。

三　消费者信任的理论框架

本书试图构建一个分析以上四个潜变量之间关系的理论框架，以此为基础讨论消费者对替代性食物体系（AFNs）的态度如何影响其满意度，理论框架如图 6－1 所示。

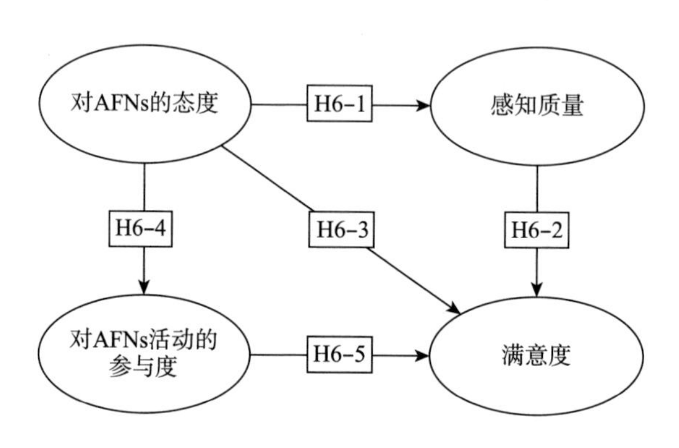

图 6－1　理论框架

H6－1：消费者对替代性食物体系的态度会对其感知质量产生正向影响。

消费者的个人特征、文化和社会因素都会在购买前影响消费者对产品质量的判断（Issanchou，1996）。这在比较关注环境和伦理因素的消费者群体中表现得更为明显，绿色产品消费者群体就属于这一类（Thogersen et al.，2015）。假设 H6－1 将用来检验在替代性食物体系中，消费者是否如期望的那样，其态度会对感知质量产生正向影响，并通过实证研究估计影响的大小。

H6－2：消费者对替代性食物体系中产品的感知质量对其满意度

有重要影响。

大量的研究表明，消费者对产品的感知质量会直接影响其消费的满意度（Saleem et al.，2015）。根据现有的文献可知，这种影响是正向且显著的。

H6－3：消费者对替代性食物体系的态度显著影响其满意度。

消费者对产品的评价是一个非常复杂的过程，往往既不客观也不理性。在对信任品进行评价时，消费者很容易受个人信念的影响，有较强的主观性。基于此，本书提出假设 H6－3。

H6－4：消费者对替代性食物体系的态度会正向影响其对替代性食物体系活动的参与度。

替代性食物体系与主流食物体系一个重要的差别就是，在线下和线上，生产者和消费者之间、消费者与消费者之间的交流活动比较多。消费者如果对替代性食物体系持积极肯定的态度，就会认同替代性食物体系的文化价值观念，积极地参加其各项活动。反之，消费者就会仅仅把替代性食物体系当作购买绿色产品的一种渠道。

H6－5：消费者对替代性食物体系活动的参与度会对其满意度产生重要的影响。

对替代性食物体系活动的参与会让消费者更深入地了解产品从哪里来、是由谁生产的、生产过程是什么、绿色生产如何实现对环境的保护等。这些都会对消费者的评价产生影响，进而影响消费者的满意度。

四 消费者信任的研究数据与方法

（一）数据收集

为了全面地了解河南省郑州市替代性食物体系的情况，研究样本中的消费者既有来自农夫市集的，也有来自社区支持农业的。由于郑州市替代性食物体系的消费者群体规模很小，本书没有采用概率抽样的办法。在2019年10~11月，调查了356名消费者，回收328份问卷，初步查看问卷并进行筛选，将有漏填、极端值、重复答案的无效问卷剔除，剩余有效问卷280份，有效回收率为85.4%。其中，191名是社区支持农业的消费者，89名是农夫市集的消费者。由于笔者既是社区支持农业的消费者，又是农夫市集的消费者，所有的调查都是有直接联系的。

1. 社区支持农业

消费者分别来自郑州市的A农场和B农场。这两个农场均位于郑州市的郊县，A农场面积约90亩，从事生态农业近7年，主要种植蔬菜和少量主粮，养殖猪、羊、鹅、鸡、鱼等，有近200名消费者是固定客户；B农场从事生态种植4年，只种植蔬菜，面积约50亩。这两个农场的经营方式基本一致，均是消费者每年预交一定金额，购买产品时从中扣除。农场只种植当季蔬菜，每周送菜1~2次，由农场主开车或快递送到消费者家中。两个农场都建有微信群，会将生产过程的资料和每周的产品清单发到群中，群中消费者和生产者之间、消费者和消费者之间围绕着绿色、环保等产品有比较充分的交流和互动。两个农场都有比较多的体验活动，会不定期组织消费者到农场参与生产、农家乐活动。在线下和线上都实际形成了交流和互动较频繁的社区，并在网络上形成了“触空间”。

2. 农夫市集

2015年，河南省返乡青年互助组成员建立了本土农业产品的平台，有助于生产者、销售者、消费者有效沟通，这就是郑州市的有机农夫市集。目的是推动返乡青年之间的交流与协作，推动郑州市农夫市集的发展，推动 PGS 实践和城乡互动平台良性运作。农夫市集成立之后，定期开集，在市集上既有有机农产品的出售，也有一些现场制作和体验活动，吸引了前来购物的消费者的积极参与，同时还会有针对绿色产品和绿色生活的研讨会和交流会，线上的交流则较少，是集购物、体验、交流于一体的综合平台。

表 6 - 1 显示了样本消费者的个人特征。初步的数据分析表明，郑州市参加替代性食物体系的消费者具有以下几个特征：①女性的比例远高于男性；②以中青年为主体；③大多受过高等教育；④以中等收入群体为主体；⑤家庭规模以 3 ~ 4 人为主。这些佐证了当下，替代性食物体系参与者主要来自中等收入群体。

表 6 - 1　样本消费者的个人特征

特征	类别	占比（%）
性别	女	80.7
	男	19.3
年龄	18 ~ 25 岁	2.1
	26 ~ 35 岁	22.1
	36 ~ 45 岁	43.6
	46 ~ 55 岁	26.1
	≥56 岁	6.1
受教育程度	大专及以上学历	93.2
	大专以下学历	6.8
家庭规模	1 人	2.1
	2 人	8.6
	3 人	58.6
	≥4 人	30.7

续表

特征	类别	占比（%）
家庭年收入	<8 万元	0
	8 万～15 万元	17.5
	16 万～30 万元	45.7
	31 万～80 万元	28.2
	≥80 万元	8.6

调查问卷的结构依据前面的理论架构和研究假设设计。满意度、感知质量、对替代性食物体系活动的参与度、对替代性食物体系的态度通过李克特 5 级量表来度量。被调查者会对备选项的重要性进行排序，这些备选项依据绿色消费和可持续消费等文献设计而成（Aertsens et al., 2009；Balderjahn et al., 2013）。调查问卷的第一部分内容和测量题项设计借鉴了 Archer 等（2003）的研究，用于捕捉消费者的一些与替代性食物体系可能有关联的个人特征和消费习惯。第二和第三部分内容反映了感知质量和替代性食物体系产品质量两个变量，向被调查者了解诸如新鲜度、安全性、口感等产品的外在属性，原产地、环保情况、营养价值等内在属性，用这两类属性度量上述两个变量，测量题项设计借鉴了 Hansen（2005）的方法。

（二）计量分析方法

本书通过构建假说模型，研究对替代性食物体系的态度、感知质量、对替代性食物体系活动的参与度这三个潜变量如何影响消费者的满意度。在结构方程模型中，一些难以观测的变量可以用可观测的变量来反映，并且可以同时处理很多因变量，进而估计它们之间的关系，还可以有一定的误差存在。故用下面的结构方程模型进行探究分析。

测量方程：

$$x = A_x \xi + \delta \tag{6-1}$$

$$y = \Lambda_y \eta + \varepsilon \qquad (6-2)$$

结构方程：

$$\eta = B\eta + \Gamma\xi + \zeta \qquad (6-3)$$

在结构方程（6－3）中，$B\eta$ 描述了内生潜变量 η 之间的相互影响，$\Gamma\xi$ 描述了外生潜变量 ξ 对内生潜变量 η 的影响，ζ 代表残差项。在测量方程中，式（6－1）表示外生潜变量的测量方程，式（6－2）表示内生潜变量的测量方程。在本书的结构方程模型中，内生潜变量 η 包括感知质量、对替代性食物体系活动的参与度、满意度，外生潜变量 ξ 指对替代性食物体系的态度。

首先用验证性因子分析法（CFA）来评价潜变量是否被测量方程较好地度量了，即评价测量题项是否能够很好地反映潜变量。对测量方程的验证性因子分析采用极大似然估计法来识别4个潜在构念。每个潜在构念的标准因子载荷（λ）、信度（α）、平均方差提取值（AVE），以及基本描述性统计分析结果见表6－2。

表6－2　潜在构念的基本特征

潜在构念和测量题设	变量	均值	标准差	λ	α	AVE
对替代性食物体系的态度	$ATAFNs$				0.73	0.54
产于当地的重要性	$ATAFNs_1$	3.56	0.92	0.78		
食品安全的重要性	$ATAFNs_2$	4.54	0.96	0.86		
购买当地食品的频率	$ATAFNs_3$	2.85	1.12	0.48		
感知质量	PQ				0.78	0.43
期望的总体质量	PQ_1	4.28	0.85	0.63		
口感的重要性	PQ_2	4.17	0.92	0.63		
有机生产方式的重要性	PQ_3	4.02	1.24	0.58		
本地生产的重要性	PQ_4	4.12	0.71	0.62		
对替代性食物体系活动的参与度	$TAFNs$				0.86	0.52

续表

潜在构念和测量题设	变量	均值	标准差	λ	α	AVE
参加替代性食物体系的线上交流	$TAFNs_1$	3.67	0.13	0.69		
参加替代性食物体系的线下体验	$TAFNs_2$	4.04	0.57	0.78		
参加替代性食物体系的线下交流会	$TAFNs_3$	2.48	0.12	0.72		
满意度	SAT				0.89	0.56
总体质量	SAT_1	4.46	0.70	0.74		
口味	SAT_2	4.62	0.72	0.73		
有机的生产方式	SAT_3	4.18	0.86	0.72		
本地生产	SAT_4	4.08	0.65	0.68		
食品的新鲜度	SAT_5	4.59	0.66	0.69		
对环境的影响程度	SAT_6	3.82	0.88	0.80		

每个潜在构念的 α 系数都超过了 0.7，说明量表具有较高的信度。潜在构念的平均方差提取值（AVE）大多超过了 0.5，说明数据具有较高的效度。验证性因子分析法的结果表明，测量方程和指标都是有效且可靠的。这样，就可以运用结构方程模型对研究假设进行检验了。

五 消费者信任的研究结论与政策启示

本部分使用 LISEREL 9.1 软件对模型的拟合优度进行检测，结果见表 6－3。结果显示，模型与数据有很好的拟合度，说明对前述假设的检验是可行的。

表 6-3　结构方程模型整体适配度的评价指标体系及拟合结果

指标		评价标准	拟合值	结果
绝对拟合指数	χ^2/df	大于 0.9	5.829	理想
	GFI	大于 0.9	0.943	理想
	RMSEA	小于 0.08	0.052	理想
	NFI	大于 0.9	0.904	理想
	IFI	大于 0.9	0.926	理想
相对拟合指数	TLI	大于 0.9	0.908	理想
	CFI	大于 0.9	0.915	理想
	AIC	越小越好	657.841	理想
信息指数	PNFI	大于 0.5	0.636	理想
	PCFI	大于 0.5	0.680	理想

表 6-4 显示了模型路径系数的估计结果。

表 6-4　路径系数的估计结果

路径关系	路径系数	标准误差	p 值
直接效应			
ATAFNs→PQ	0.72	0.08	***
PQ→SAT	0.69	0.12	**
ATAFNs→SAT	0.65	0.13	**
ATAFNs→TAFNs	0.82	0.15	**
TAFNs→SAT	0.86	0.14	**
间接效应			
ATAFNs→SAT（以 *PQ* 为中介变量）	0.50	0.06	**
ATAFNs→SAT（以 *TAFNs* 为中介变量）	0.71	0.15	*

注：*、**、*** 分别表示在 10%、5% 和 1% 的水平下显著。

从表 6-4 可以看出，对替代性食物体系的态度对感知质量、满意度、对替代性食物体系活动的参与度均存在显著的正向直接效应，且路径系数分别为 0.72、0.65、0.82，从而验证了假设 H6-1、H6-3 和

H6－4。感知质量和对替代性食物体系活动的参与度对满意度均存在显著的正向直接效应，路径系数分别为0.69、0.86，验证了假设H6－2和H6－5，说明参与替代性食物体系活动会对满意度产生重要的影响，甚至超过了感知质量的重要性。从实证结果来看，对替代性食物体系的态度通过感知质量和对替代性食物体系活动的参与度间接影响消费者的满意度，其作用强度分别是0.50、0.71，表明这两条渠道的间接效应不容忽视。

图6－2显示了模型的路径关系。实证研究表明：对替代性食物体系的态度会通过直接和间接的方式对满意度产生复杂的影响。由于绿色产品是一种信任品，态度会直接影响满意度，即消费者因为相信所以满意，或者说因为不相信所以不满意。由于同样的原因，对替代性食物体系的态度会通过影响感知质量间接影响满意度，也会通过影响对替代性食物体系活动的参与度间接影响满意度。

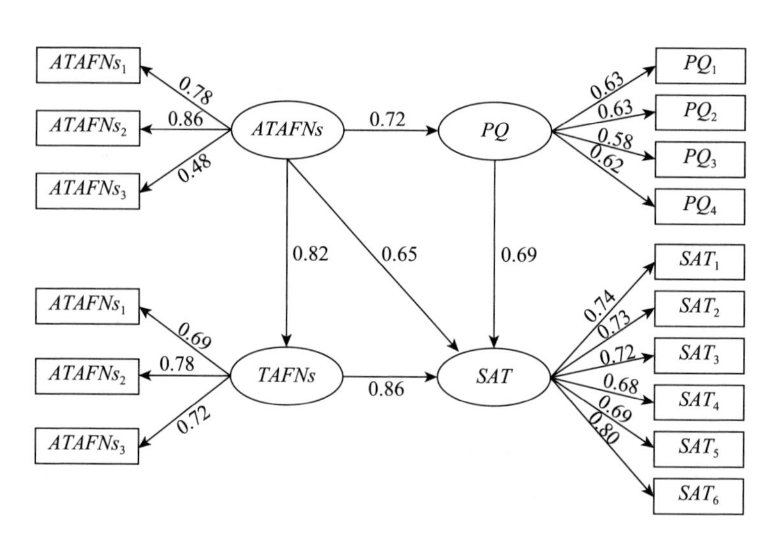

图6－2 模型的路径关系

和现有研究相比，本书的贡献在于，根据我国的实际情况，引入了消费者对替代性食物体系活动的参与度这一中介变量，分析和实证检验了消费者对替代性食物体系的态度如何通过直接效应和间接效应影响其对绿色产品的满意度。结论表明：消费者对替代性食物体系的态度对其满意度有直接影响，同时，也通过感知质量和对替代性食物体系活动的参与度两个中介变量对其满意度产生间接影响，这些直接影响和间接影响都通过了实证检验，在统计学意义上是显著的，和理论假设相吻合。

基于以上结论，可以通过以下几种路径来提升消费者对替代性食物体系的满意度，以增加其吸引力。

（1）改善消费者对替代性食物体系的态度。针对众多消费者认为替代性食物体系的产品没有通过商业认证，是不是真正的绿色产品很难界定，价格远高于市场上普通产品的价格且品种单一等问题，可以采取以下措施。①推行并实施参与式保障体系。由本地消费者代表、生产者代表、非政府机构等利益相关方共同组成参与式保障体系，对小农户进行低成本的认证和服务，提高消费者对替代性食物体系产品的信任度。②与消费者进行更多的沟通，让更多的消费者体验替代性食物体系，逐渐使其接受食在当季、不种反季节蔬菜等理念。

（2）提高替代性食物体系中产品的感知质量。和主流食物体系市场上的农产品相比，替代性食物体系市场上的农产品的品相较差，这既与替代性食物体系的生产方式有关，也和替代性食物体系生产者的理念有关。需要替代性食物体系生产者学习主流食物体系生产者注重产品品相的优点，提高替代性食物体系中产品的感知质量。

（3）提高消费者对替代性食物体系活动的参与度。参与替代性食物体系的活动会让消费者了解替代性食物体系的生产过程，也会使消费者更容易接受替代性食物体系的理念。实证研究表明，消费者更多地参与替代性食物体系的活动会提高其满意度。替代性食物体系可以借鉴主流食物体系中农户的做法，运用商业的手段和方式，更多地关注和满足消费者的需求，打造替代性食物体系线上和线下并行的“触空间”，让消费者更多地体验、了解、学习、交流，形成“食物社区”，进而提升替代性食物体系对消费者的吸引力。

六 消费者信任机制如何构建与良性运行

替代性食物体系在中国要实现健康运行和良性发展，信任机制是关键。信任机制如何构建、如何良性运行，是替代性食物体系发展必须回答的重要问题。我们可以先进行案例分析和深度访谈，以获得对该问题的感性认识，在此基础上，再进行理性认识。

案例分析具有独一无二的优势，通过访谈人详细的描述，非理性化、主观地探讨“怎样”和“为何”的问题，这对于过程类和机制理论类的问题比较适合。而本书讨论在替代性食物体系中消费者信任机制如何构建，比较适合用这种研究方法。本书选取了郑州市 A 农场，A 农场在河南省是较早以 CSA 模式经营的农场，该模式属于农户主导型，经营 7 年后，仍在良性运转。该农场在从事生产经营的同时，比较注重采取各种措施获取消费者信任，并努力维持这种信任关系。本书以 A 农场为数据获取来源，研究了消费者的态度如何影响其对绿色产品的满意度。下文主要采用深度访谈法、现场观察法等从消费者那里获得一些文本资料。

首先是获取半结构化访谈资料。主要访谈农场负责人和家人、农场负责人的朋友、农场的消费者。每次访谈时间在 20 分钟到 1 小时不等，采访者在谈话期间做了很多笔记以及录音工作，以便访谈之后对材料进行补充，也保证了一手资料的完备性，并与访谈对象保持联系，便于有问题能及时沟通以及对访谈材料进行更正。关于对负责人及其家人的访谈，主要是为了了解负责人和家人对绿色生产和环境保护的态度、生活成长经历、农场建立消费者信任所采取的具体措施。访谈的主要问题有：你为什么进行生态农业的生产活动？你的生活成长经历有哪些与生态农业紧密相关的地方？农场建立消费者信任的思路与措施有哪些？农场采取哪些措施来发展或维护与消费者的关系？由于是一个家庭农场，经营者大多是丈夫和妻子，研究者共采访了 2 人。采访农场负责人的朋友主要是为了从侧面了解农场负责人的生活、价值取向等会从根本上影响农场经营行为的“软”因素。访谈内容主要是：农场负责人在日常交往中值得朋友信任吗？你为什么信任这位农场负责人朋友？他遇到异常困难的事会如何处理，会放弃吗？

其次是获取现场观察资料。在现场访谈过程中，研究者对农场进行现场观察，先询问负责人能否自由走动，以观察农场的生产环节、管理情况，在征求负责人同意后，即可展开调查。

最后是获取二手资料。主要包括农场提供的消费者消费和生产经营的档案资料、农场主客户微信群中的信息、新闻媒体的报道。

半结构化访谈资料、现场观察资料收集时间为 2018 年 5 月 1 ~ 8 日，二手资料收集时间为 2018 年 10 月 1 ~ 8 日。

与假设检验的研究模式不同，将访谈与各种文本资料进行归纳的研究缺少普遍接受的模型用以指导关键的回归过程。本书使用如下方法：调研结束后，将所有录音资料全部转录成文字稿，并对文字稿进行检查和修正，保证资料的准确性和质量，整理归档；采用持续比较法和定性数据法进行编码；根据提出的分析框架，分别对相关资料进行分析编码，包括农场的信任建立办法、消费者信任的影响因素、信任的过程；独立编码后，核对编码的情况，对有争议的编码进行讨论并确定一致意见。

研究者作为一名较长时间从替代性食物体系获取食物的消费者，自身有切身的体会：消费者信任的发展有明显的阶段性和动态性。A 农场对潜在消费者与会员的信任建立办法存在一定差异，加上消费者的体验时间长短对信任的影响不同，导致消费者在会员与非会员、新入会员与资深会员阶段的信任状况不尽相同。就以研究者本人为例，从潜在消费者到新入会员，再到资深会员，信任是逐渐加深并巩固的。潜在消费者从一开始半信半疑，到新入会员的基本信任，再到资深会员的非常信任，经历了一个较长的过程。现有的实证研究文献也表明，消费者信任的发展具有阶段性，并且，与被访谈者谈话得出的数据也验证了在研究中有必要将信任分阶段探讨。那么农场是如何建立消费者信任的？下面进行分析。

第一阶段：潜在消费者初始信任的建立。这时消费者与负责人不认识，或通过亲戚朋友的关系慢慢与其建立联系，在熟悉负责人的情况后，进一步对该农场绿色产品生产环节进行了解，建立了初步信任，并购买了绿色产品。根据现有的文献资料，结合访谈资料，潜在消费者一般会通过公开信息、农场负责人基本情况和性格特质以及其他消费者购买后的感受，又或者通过直接、间接的关系，在心里对该农场产生评价，想要购买农产品，进而建立起对农场的初步信任。

与主流食物体系主要依靠制度、组织信任不同，替代性食物体系具有社会嵌入的特征，此社会网络中的各种关系都在某种程度上影响消费者对农场的信任。根据我们的访谈结果可以知道，第一拨购买产品的消费者超过一半与农场负责人具有直接关系，他们是朋友或熟人。认识农场负责人的消费者通过先前与他交往了解到其良好的品质，对农场提供绿色食品的行为有一定的信心。如A农场的H会员表示：“我和负责人很早就是朋友，有多年的来往，对他的三观比较了解，也知道他的工作经历，有一定的农场经营经验，相信他这个农场会按照绿色生产的标准进行生产，不会欺骗我们。”不过，通过直接关系建立消费者信任在消费者群体中还是比较少的，多数消费者还是通过间接关系建立起信任，即潜在消费者会通过与农场共同熟悉的第三方来做出对农场的最初信任判断。

A农场没有采取鼓励老客户拉新客户的政策。因为农场负责人认为，这样做可能会引起消费者的不信任：老客户只是因为有利益关联，才介绍加入会员。许多受访者表示，他们会因为周边人推荐过该农产品，觉得大家推荐的肯定质量还不错，是信得过的，从而去消费，甚至直接成为会员。A农场K会员介绍说：“我近几年比较关注食品安全与健康问题，想为家人找到安全健康的食品，大超市里的标着有机标签的食品，我半信半疑，有好朋友在A农场有近一年的消费体验，他的推荐我是比较信任的。”因为这类消费者信任亲戚朋友，所以当亲戚朋友推荐该农场时，消费者也会信任农场负责人，这种消费者信任是由个人社会网络中的间接关系引起的。

但不管是哪种关系，消费者在建立信任过程中都会有一个权衡或计算过程。消费者在与农场建立直接或间接关系的过程中，会对收益、风险做一个评估和对比。如果建立信任，说明评估的结果是有风险的行为收益超过其成本或替代方案，消费者可接受。如果没有建立信任，说明评估没有通过，即有风险的行为收益没有超过其成本或替代方案。值得注意的是，同样的直接关系或间接关系，由于消费者的效用函数不同，对待风险的态度不同，他们做出的行为选择可能完全不同。如 A 农场 L 会员说：“我不是很担心农场是否遵循绿色生产方式，我朋友是对绿色产品很懂行的人，他一直坚持在这个农场购买，我觉得我在这个农场购买风险不大。”但另一个潜在消费者在购买了一次农产品后，没有成为会员，也停止了在 A 农场购买产品。他说：“在 A 农场购买了一次农产品，也感觉不出来它的产品和市面上普通的非绿色产品有什么区别。虽然比较信任朋友，这位朋友也一直在这个农场购买绿色农产品。但我考虑再三，还是选择不信任。”

信息是降低人与人、企业与企业之间履约风险和不确定性的关键因素之一，可以帮助交易的实现。大量的研究表明，信息的真实性与及时性有助于帮助消费者建立信任，这在该研究中也可以体现出来，大多数消费者只能通过发布的信息知道农场是怎样运转的、农产品是在怎样的条件下生产的，信息的数量充足对消费者的信任有促进作用。前面提到的信息主要是大家容易观察的、能反映农场生产经营活动的资料，主要包括各类媒体信息、农场开放的生产经营活动。一些媒体平台比如微信公众号、QQ 空间等会报道相关信息。这些信息涉及负责人大致情况、农场的成立过程以及农产品是怎样生产的、整个过程是否环保绿色等。这是没有去过农场，或与农场没有直接关系的消费者，形成对农场初步认知的一条重要途径。A农场负责人每天都会在微信群中发布一些照片和文字信息，介绍农场的生产经营过程，以及他家在农场的生活场景（农场负责人一家四口就住在农场里）。另外，该农场负责人也经常参与河南返乡青年论坛，并在论坛上发言，介绍农场的经营理念和生产经营活动，当地的新闻媒体也进行了报道。这些信息都有助于消费者了解农场的情况，引发消费者的预测并建立初步的信任。如A农场M会员说：“我当时在百度上搜到了这家农场的一些信息，本地新闻媒体对这个农场也有一些宣传报道，加上我参加过农夫市集，见到农场主本人的演讲，还是比较让人放心的，就加入农场的会员了。”

A农场采取全面开放的模式，所有的消费者都可以随时了解产品生产过程，没有门槛，消费者可以随时来现场查看，即使没有提前告知。这家农场还提供农家乐的服务，消费者可以在农场居住、就餐、参加一些简单的娱乐活动。这种开放的生产方式会促使消费者的信任形成，主要原因是，这样的方式可以让消费者随时考察，对农场起到了有效的监督作用，因为不知道消费者什么时候会来查看，所以必须保证每个环节、每时每刻的产品生产都是符合标准的；此外，消费者能够了解整个环节，也有助于对其产生信任，缓解信息不对称的问题，是消除不信任、建立信任的一种重要措施。例如A农场N会员表示：“我去过农场几次，有时是顺路看看，有时去那里住几天。我看到了地里的土质、他们在田间如何劳作的、养殖的动物，基本判断这个农场是值得信赖的。”

同时，采取开放的生产方式，也便于消费者近距离接触农场生产人员，对农场生产人员的生产经营能力做出中肯、可信的判断。在访谈中，A农场P会员表示：“在我来农场考察的时候，看到了他们是怎样消灭害虫的，我觉得还不错，他们拥有一定的绿色生产技术，他们应该有能力按绿色生产的基本要求种好菜，所以我就加入了会员。”

农场负责人的个人特征也会影响消费者信任的初始建立。与我们研究绿色消费时关注的个人特征不同，这些个人特征是与绿色生产和绿色信任紧密相关的，如专业性、环境理念、经营理念等。专业性是非常重要的一个方面。农业的绿色生产不仅要有情怀，还必须有一定的绿色生产技术。现在，大量的农业工作者习惯于使用农药和化肥，不用农药和化肥就不会种地和种菜是普遍现象。绿色生产技术比较专业，而且实践性很强。农场负责人如果只是有情怀，但没有掌握基本的绿色生产技术，在生产经营过程中就会遇到很多的困难，坚持绿色生产会承受很大的经营压力。A农场负责人曾是北京小毛驴市民农园的实习生，系统学习过绿色生产技术，也具体从事过农场的生产活动。A农场负责人说："从大学毕业后，我就一直对绿色生产非常感兴趣，在做实习生时，一边学习一边实践，向专业的人士多请教。回到家乡后，我承包了土地，开始实践，发现困难比原来想象的大得多，我只能购买一些专业书籍，边实践边提高，经常向同行请教，一有机会就参加全国或区域性的绿色生产会议，与同行交流获益很多，不断积累和提高，到现在算是基本掌握了绿色生产技术。对于如何发酵农家肥提高土壤肥力，如何套种预防病虫害发生，如何制作生物农药治疗病虫害，等等，已经比较熟练了。"这种专业性能够使消费者建立初步的信任，不少消费者在访谈中表示，了解到农场负责人从事过多年的绿色生产且一直在学习，对于自己的消费选择很有影响。农场负责人的环保理念也很重要。CSA型农场本身就包含关注我们周边的环境，关注食品的健康和安全，关注消费者的食育与消费成长。一个不高度认同这些理念的人，很难把CSA型农场办好，也不容易让消费者相信他在遇到生产困难时仍然会坚持绿色生产的理念。A农场负责人就利用各种机会，宣传"环保、可持续发展、健康安全"等理念，他说："我是根据自己的经历和体会，深深认可CSA的理念，也愿意在实践中践行，在消费者群体中多宣传，也不全是为农场生意着想。我自己也是消费者，我希望我的家人和孩子能够在一个良好的生态环境中生活，能够获得健康安全的食品。"消费者会在接触中感知农场负责人的理念、行动是否与CSA的理念一致：若高度一致，会有助于消费者建立对农场的信任；若反差很大，则不利于消费者建立对农场的信任。A 农场 X 会员表示：“我会特别留心农场负责人在公开和私下场合所说的话，也会观察农场所做的和他所说的差别有多大。如果我观察到他的言行差别很大，或者他根本就不是从心里认同生态农业、CSA 的理念，或者他盈利的目标性特别强，我可能会对他的信任打折扣。因为 CSA 在初期盈利不会多。总之，一个认同生态农业理念，不会为了一点利润而放弃这一理念的农场负责人，会赢得我的信任。”农场负责人的经营理念也很重要。A 农场负责人表示：“我经营农场求的是保本微利，我不能长时间承受亏损，也不会为了利润干欺骗消费者的事。为了达到这个目标，我在农场也提供一些服务活动，如有个消费者自己出资在我农场里盖了个小屋，他不住的时候我可以租给别的消费者；我经常会在农场组织卡拉 OK、采摘活动、厨艺大比拼、捉鱼活动等。我们全家，包括我的两个孩子都吃住生活在农场，按绿色生态的要求进行生产，既是对消费者负责，也是对我的家庭和孩子负责。”A 农场 L 会员说：“我来农场玩过几次，看到他家的孩子都是在农场里爬上爬下，追逐鸡鸭玩，农场负责人和我们能聊到一起，也能玩到一起，我们也认同他的经营理念。”

消费体验也是消费者建立初步信任的关键因素。A 农场为非会员提供体验服务，价格稍高于会员的价格，消费者可以尝试购买 A 农场提供的农产品。事实证明，消费体验对消费者有积极的作用。例如，消费者 K 说：“我第一次在农场订购了一些蔬菜，发现农场的菜长得比较瘦小，而且虫眼比较多，但吃起来，也没有发现和超市里购买的普通的菜有很大的区别。后来又继续体验了几次，主要是吃到了他家的扁豆角，看着挺老的，吃着软糯，同样的豆角，超市里买的就嚼不动，还是有一定差别的。这让我打消了疑虑，成为这个农场的会员。”

第二阶段：消费者信任的维系与发展。在这个阶段，消费者已经加入农场，成为一定时间的会员。如果消费者信任比较稳定，因而满意度维系得较好，他会持续续费；如果消费者信任出现动摇，因而满意度下降，他就有可能不再续费，从会员中退出。这一阶段，消费者会通过持续交易，与生产者、其他消费者之间保持互动，保持或修正原先的信任状态。以下因素都会影响消费者信任的维系与发展。

（1）消费体验。这个阶段的消费体验，与没有成为会员时的消费体验不完全一样，内容会更加多元与多维。首先是产品的品质。这是维系与发展消费者信任最核心的要素。A 农场一直在保持和提升农场产品的质量，给会员提供的产品都是农场直接生产的。农场采取订单制，蔬菜会在前一天采摘，肉类提前一天屠宰后放进冰柜储存，一天之内完成所有配送。肉类会放冰袋，蔬菜也会做简单的处理，把太老的、有腐烂的地方都去掉，保证了肉品和菜品的质量。几年来始终这样做，能让消费者基本满意，这种持续的满意度的保持对消费者信任产生了积极的影响。正如 A 农场 Z 会员所说："我家平时还会偶尔在另一家农场购买绿色产品做补充。那家农场应该也是按绿色有机的要求来生产的，只是太多次消费体验很差，比如经常把不能吃的蔬菜根和菜一起配送，叶子发黄的、烂的也夹在里面一块儿送。次数多了，对农场的信任感就慢慢消失了，我家现在基本上已经不从那家农场购买产品了。而 A 农场这么多年来，一直比较贴心，比较考虑消费者的感受。加上我多年的消费体验，相信他们是按绿色标准生产的，所以信任就一直维系得比较好。"其次是产品的品种。A 农场直接生产的蔬菜有 30 多种，也有水果、猪肉、羊肉、牛肉、鸡肉、鸡蛋、鸭蛋、少许杂粮，没有采购非农场生产的加工产品。A 农场的产品品种比较丰富，且一直在更新优化新品种，一方面让消费者有较大的选择空间，保证了其满意度；另一方面让消费者感受到农场一直在持续改进，从而对农场的生产经营产生信心。就如 A 农场 O 会员说："A 农场一直在持续改进品种，最开始品种比较单调，后来，会员们不断提出要增加新品种，农场就试着种了一些。消费者心里清楚，品种多了后，劳动投入肯定会加大。但农场这方面做的还是不错的，愿意尽量满足消费者的需要，虽然加大了劳动的投入。"最后是配送服务。A 农场实行的是微信选菜，根据季节的变化，每周配送 1～2 次。送菜前一天晚上十点前截止下单。但在实际操作中，在第二天早上送菜出发前都可以改变，给消费者提供了方便。A 农场没有依托专业化的物流公司，而是自己开车，设计好线路，花一天的时间将菜配送完毕。每次配送的时间点大致相同，便于消费者掌握好取菜的时间。无论刮风下雨，配送工作都比较稳定。相对于配送公司而言，农场自行配送的稳定性好，也因此获得了较高的顾客满意度，给消费者一种“靠谱”的感觉，有利于维系消费者的信任关系。

（2）沟通反馈与问题处理。在消费过程中，消费者有任何问题都可以在微信群里面，或者通过私信与农场负责人沟通。如消费者会反映，有的时候送的菜不够新鲜或太老无法食用，农场主都会表示下次补上，并在以后的采摘中注意改进。每次处理问题都很及时，也不推诿，给消费者留下了比较好的印象，并且注重改进，维系了消费者对农场的信任。

（3）线下活动。消费者采购农场的绿色产品，主要是想获得安全的食品，同时，也有关注环境、关注生产过程、体验农业生产等其他需要。各类线下活动有助于满足消费者的以上需求，帮助他们维持对农场的信任。A 农场平时会为消费者安排一些线下活动，如根据农作物生长的习性设计的采摘活动，像挖红薯、收花生等。这些线下活动吸引了不少消费者，特别是消费者的孩子们。这些线下活动的成功组织让消费者更好地了解了农场的生产过程、农场负责人的生活环境和生活状况，还可以让孩子更多地亲近自然、亲近农业，增进了消费者与农场负责人、孩子与土地之间的感情，有助于建立起消费者对农场的信任。

七　参与式保障体系在中国的现状与问题

在参与式保障体系兴起之前，全世界各地都有许多小农户事实上从事着有机农业生产，他们不用转基因种子，不施用化肥和农药，只是无法向消费者证明自己的产品是有机产品。在全世界范围内，小农户从事绿色有机生产都面临一个共同的难题：无力进行费用高昂的第三方商业认证，凭什么获得消费者信任？为了讨论和解决该问题，2004 年 4 月，国际有机农业运动联盟（IFOAM）在巴西托雷斯召开了世界首届替代式认证会议，讨论并推进参与式保障体系，改变被大公司控制的商业化有机认证途径，实现能够被本地市场认可的绿色有机保障体系，大幅度降低认证的成本，以此促进更多的小农户加入绿色有机生产中来，实现包括人类在内的自然环境的和谐共生。

世界各地的参与式保障体系形态差别较大，种类也较多。但它们的核心理念是一致的，即为本地市场提供一种低成本、多方参与的绿色有机认证方式，在生产者和消费者之间建立起交流、沟通和信任的良好关系。参与式保障体系产生的原因主要是：商业化的、以服务出口为目的的第三方绿色有机认证，程序和标准复杂且费用高昂，无法适应和满足本地小农户从事绿色有机生产的需要；而参与式保障体系作为一种与第三方商业化认证并行的体系，它能够更好地适应当地的环境，通过利益相关者的互动合作，保障食品是绿色有机的。参与式保障体系与第三方商业化认证的核心区别在于，前者强调利益相关者的参与，除了专业检测机构对生产者实施监督外，包括同行、消费者在内的其他利益相关者也会实施监督，且强调消费者和生产者之间的沟通与相互理解，即消费者不仅仅是通过有机认证机构颁发的有机证书来感知和认可该产品，更是通过参与，从而产生信任来保持这种商品交换关系。按照 IFOAM 对参与式保障体系的界定，其有以下几个基本原则。一是共同的愿景原则。这一点是和主流食物体系中的第三方有机认证差别很大的地方。消费者、生产者、行业协会等中介机构、媒体这些利益相关者都志在推动小农户参与到绿色有机生产和环境保护当中，让消费者获得安全健康的食物，让生产者得到公平的报酬，实现环境和人类的和谐相处与发展，而不仅仅是将之看作一个简单的、低成本的认证体系。二是广泛参与的原则。

认证不仅是第三方机构的事情，包括同行、消费者等利益相关者都会介入认证工作，参与的结果是保证生产的质量和当地小农户的信誉。三是适度透明原则。不仅包括生产者，还包括生产者同行、消费者，都应知道认证的标准是什么，为什么有些农场认证没有通过。这意味着生产者的操作细节并不都能够被全部公布或提供给利益相关方，因为这会涉及一些商业敏感信息。四是诚信原则。消费者认为小农户是可以信任的，参与式保障体系只是来证明这种信任，并为这种信任提供了必要的监督，保证了绿色或有机的完整闭环。五是学习的原则。参与式保障体系强调提供一种工具和机制来支持社区和生态农业的发展，无论是生产者还是消费者，都需要通过相互交流和学习，强化环境保护、有机生产等能力。

基于以上原则，参与式保障体系一般按如下几个步骤运行：本地市场的利益相关者基于共同的价值观等愿景组成一个小组；生产者做出生产承诺，按生态农业的标准和要求进行生产，并公开生产过程；小组按生态农业的基本标准，结合本地的情况，共同制定质量规范，形成公开透明的要求和规则并存档；小组成员对本地其他农户（自身回避原则）进行生产过程、产品、生产环境、生产条件等内容的互检，根据共同制定的规则和规范，出具检查报告并签字留存；将报告反馈给生产者，利益相关者组成的区域性委员会以此为依据认定该生产农户所生产农产品的质量等级，在合格的情况下，帮助农户在市场顺利销售。区域性的参与式保障体系委员会在运行中起着非常重要的作用，要牵头标准生产过程和标准的制定、质量报告的批复、利益相关小组的监督、文档的保管和维护等。

作为一种本地化的、低成本的认证体系，参与式保障体系坚持环境保护、生态种植与养殖、生态多样性等基本原则，做到保障农产品的安全和绿色生产。它之所以会在印度、巴西等国家迅速推广，是因为其自身具有的一些优点和特点，可以归结为以下几个方面。首先，它将各方共同参与制定的生产规范和标准文件化，用于指导小农户的生产实践，使其在质量认证中有迹可查、有标准可对照，很容易就可以寻找到参与式认证产品来自哪里、由哪个小组认证、由谁生产、谁参与了检查的过程。这种内在联动的机制形成了联保制度，只要该地区某个小组内的产品质量出现问题，就会影响整个区域农产品的销售，人们对整个区域农产品的信任都会受影响，由此形成了农产品的可追溯体系。其次，参与式认证可以较好地满足消费者生态消费的需要。在生产中，从选种、生产到消费的全过程都坚持保护生物多样性和生态环境，还要求利益相关者共同学习相关知识，包括生态环境保护、本地的民俗文化、生态生产和消费的理念，在满足了农业生态消费者注重食品安全、环境保护等物质层面的要求外，还满足了精神层面的多方面需求。最后，还有利于解决第三方认证的天然不足。第三方认证是推动有机产品出口的重要手段，提供了从种子的采购到生产再到包装销售整个生产环节的监督，但它适用于大中型农业企业，特别是出口型企业。参与式保障体系不同，它的目标导向是小农户和本地市场。在认证方面，第三方认证功能比较单一，就是强调对生产者的全过程监督，而参与式认证除了监督之外，还鼓励和要求生产者和消费者之间的交流和理解，帮助小农户改善自己的生活状况，取得合理的报酬，助力社区的成长与发展。在费用方面，第三方认证由于强调商业性经营，认证费用比较高，具体包括申请费、初审费、检查费、注册费、监督检查费、抽样检测费等。而参与式保障体系通过利益相关者的互相监督成为一个自组织，很多成本就内生化了，大大降低了认证的门槛。就认证所持的标准来说，第三方认证一般的标准是 ISO 标准、欧盟标准、中国绿盟标准等，规则比较复杂。而参与式认证的标准体系一般比较简单，且各区域的标准体系不完全相同。但一般来说，参与式认证的规范体系会参照某些国家或国际标准体系，在核心标准上是一致的。

参与式保障体系的概念是在 2004 年提出的，但实践活动要比这早，最早可以追溯到 20 世纪 70 年代。1972 年，法国成立了世界上第一个参与式保障体系——“自然与进步”，它认证的历史早于欧盟官方的认证。随后，巴西、美国和新西兰等国家都出现了各具特色的参与式保障体系。巴西的参与式保障体系叫 Ecovida PGS，当初引入的时候，巴西的核心目标是帮助农村贫困人口脱贫，因此，在发展过程中得到了政府、合作社、NGOs 等的多方支持，并获得了成功，吸引了大量的中小农户加入并顺畅运行。美国的参与式保障体系叫 CNG，在引入的时候是为了解决小规模生产者低成本认证的问题，与其他国家参与式保障体系不同的是，CNG 采用的标准和第三方认证的标准一样，都是美国的国家有机认证标准。新西兰的参与式保障体系叫 OFNZ，在引入的时候也是为了解决小规模生产者低成本认证的问题，它的标准是参考国际和国家标准自行设定的。2004 年后，参与式保障体系在世界的扩张进程明显加快，不少国家还制定了专门的标识，以此和第三方认证区分开来。到 2017 年，加入参与式保障体系建设的国家已经接近 100 个，超过 3 万的小农户加入该体系而获益，也为当地的环境保护和提供安全健康的食品做出了积极的贡献。为什么参与式保障体系在巴西等国家发展得比较好？主要是由于以下几个原因：有的国家允许参与式保障体系在民间自由发展，并不做过多的阻止，还有的国家从行政、法律、金融等方面提供支持，也有的国家消费者生态意识强，愿意参与到参与式保障体系的各种组织和交流活动中去，这是该体系能够在一个国家或地区开展的基层保证。

我国的农业状况是小农户占比很高，没有能力支付第三方认证的高昂费用，进而没有机会享受生态农业的溢价红利，这影响了众多小农户的收益。另外，我国农业面源污染比较严重，如果不推动更多的小农户进入生态农业生产体系，农业生产环境保护的压力就难以得到缓解。从这些角度来看，参与式保障体系非常适合我国的状况，也是需要大力发展的领域。

参与式保障体系在我国的出现和国外一样，也是在各种替代性规则出现后逐渐形成与发展的，是生态农业在发展过程中自己开辟出来的道路与必然选择。

首先是社区支持农业的大量出现。20 世纪 90 年代，社区支持农业就开始在台湾和香港出现并发展，随后北京小毛驴市民农园、郑州归朴农园等都发展运行起来。社区支持农业做到了消费者与生产者之间面对面交流、消费者参与和参观生产养殖过程，但没有发展到联合互检和标签通用的阶段。社区支持农业的大量涌现反映了我国消费者对生态农产品的强烈需求，它是走向参与式保障体系的阶段性发展形态。

其次是农夫市集的发展。自 2007 年开始，从台湾的合朴农学市集和兴大有机农夫市集，再到北京有机农夫市集、上海圣甲虫农夫市集、浙江自然农夫市集等，这些市集实现了生产者和消费者面对面沟通交流，组织者不定期监督和检查参加农户的生产状态，但也没有发展到联合互检和标签通用的阶段。市集的发展为生态农产品的生产者和消费者搭建了一个交流的平台，有助于利益相关者的信息共享和交流，也是走向参与式保障体系的阶段性发展形态。

无论是社区支持农业还是农夫市集，在发展进程中都会面临一个问题：如何让陌生的消费者信任农户，如何让成为会员的消费者持续信任农户？形势和事物的发展要求出现一种替代性认证规则，即参与式保障体系，以解决以上问题。2009 年，农业部委托南京环球有机食品研究咨询中心举办了首届“有机农业培训班”，对有机认证机构、咨询机构、生产企业、研究所和小农户进行了业务培训。2010 年，该中心在安徽省岳西县组织当地茶民根据有机标准和规范进行生产，每个茶农都要签署承诺书。同年，该中心制定并发布了我国首个参与式保障体系的标准。随后，河南郑州返乡青年互助组、参与式保障体系研究会等分别开始了本土化的参与式保障体系的实践活动。回顾发展历程，我国的参与式保障体系的发展走了一条从社区支持农业到农夫市集，再到参与式保障体系构建的道路，是从渠道到认证的一种建构，是生态农业发展的必然选择。

但从总体来看，参与式保障体系在我国只处于发展的萌芽阶段，只是零星散点地分布，并没有形成区域性或全国性的体系。在这一阶段，仍然存在较多的困难与问题。①消费者对第三方认证之外的其他方式认识少。多个实证研究表明，多数的消费者只知道第三方商业认证，对参与式保障体系完全不知道，少数知道的也表示怀疑或不信任。②现有认证体系信任的不足。我国绿色标识体系建立得比较晚，绿色食品由工商、质检、农业、卫生等多个部门监督，这在一定程度上会出现监管的空白区域，造成缺位。有机产品的高价格使得一些生产者“漂绿”，2013 年，《时代周报》报道，国内某名酒对外一直宣称其酿酒原料通过了国内某有机产品认证中心的有机认证，是有机产品。但实际上，其原料的生产基地在种植过程中常年大量使用两种高效化学农药，完全背离了有机产品的种植规范和要求，然而这些生产基地都顺利通过了国内这家有机产品认证中心的认证。据披露，该有机产品认证中心每年会派员工来巡查一次，监管形同虚设。这导致消费者对有机农产品的信任度不高，或者说有机农产品的公信度不高。③社会组织发育或发展不好。在参与式保障体系做得好的国家或地区，社会组织一般发育得比较好。因为参与式保障体系大量的协调与组织工作不是商业化的，是义务的和公益的，所以如果没有不以营利为目的的社会组织来完成，这个体系就搭建不起来，或很难正常运行下去。④利益相关方的参与积极性不高。参与式保障体系非常强调广泛参与，包括生产者的参与、消费者的参与、社会组织的参与，这些都是义务性质的。国内零星的参与式保障体系大多面临这个问题：最开始启动的时候，靠几位核心人物，缺乏稳定的管理和服务团队，一旦核心人物的事业发展转移，这个工作就没有人热心组织和经营，它就会慢慢消失。这是目前困扰我国参与式保障体系发展的突出问题。

八 参与式保障体系在中国的构建：以河南返乡青年互助组和江苏青澄中心为例

河南的生态农业一直在各市县零星发展，如很早就出名的大草帽农场、君源有机农场等。这些开拓者有的是大型生态农业的生产者，如君源有机农场是新郑市君源生态农业科技有限公司旗下的农场，属于农业高科技企业，集农业技术研发、农林开发、蔬菜果木种植业、养殖业、现代农业基地开发与建设、农业信息咨询服务于一体，是河南省首家通过欧盟有机认证的蔬菜生产园区，2012 年 12 月 23 日，又通过中国有机认证，是河南省唯一一家通过有机认证的园区。园区的土壤、水源、空气均符合欧盟和中国有机认证标准，种植全程严禁使用化学农药、化肥和植物生长调节剂、除草剂。而大草帽农场从 2009 年开始进行生态种植实践，采用养殖蚯蚓来实现农家肥和有机肥的施用，提高土地的肥力，在郑州是最早进行生态农业实践的农场之一，虽然面积不大，仅 14 亩，但名气比较大，曾受到河南电视台、《大河报》、新浪网等多家媒体的宣传和报道。

以上是大农业资本或小农零星发展的生态农业。让河南省生态农业从零星到有组织广泛发展起来的是河南返乡青年互助组。这个互助组成立后，将河南省内的生态农业实践者组织起来，互相扶持，加紧培育，将河南省生态农业实践向前推进了一大步。2009 年，河南返乡青年互助组成立，宗旨是带动返乡青年一起珍爱自然、保护生态，努力走向社会主义生态文明新时代。其中，影响力较大的有驻马店的绿色方舟农场、郑州的归朴农园、郑州的家园绿色联盟、漯河的基布兹乡村社区等，中国人民大学乡村建设中心在其中起到了积极的推动作用。这些在外念大学或在外工作的青年对生态农业和新农村建设有着浓厚的兴趣，怀揣着建设家乡的美好愿望，放弃了在大城市的工作机会或工作岗位，回到家乡从事生态农业和新农村建设。他们很多是北京小毛驴市民农园的实习生，系统学习和实践过生态农业。成立之初，他们的主要工作是支持在乡村开建图书馆、资金互助、乡村建设和消费者平台建设。互助组内部有互访机制和返乡青年志愿者、实习生的培养机制，构建基于返乡青年内部的参与式保障体系。2009 ~2015 年是参与式保障体系的蓬勃发展期，

2016年后则进入停滞期。2015年前，河南返乡青年互助组组织了很多活动，如工作论坛、郑州农夫市集、灵宝弘农书院、消费者与生产者见面会等。这些活动都是在一些专项基金会资助下开展的，原因是生态农业，特别是小农户从事的生态农业，创业之初盈利是非常困难的，所有这些活动不能仅靠热情和情怀，返乡青年大多数从事生态农业不久，还处于对农业的投资期和生产的实践期，自身又处于刚成家立业经济负担比较重的时间段，只能为这些活动付出时间和精力，根本没有组织这些活动的资金。相比消费者平台建设、生态农业技术的交流等，参与式保障体系属于推进比较慢的一项，主要原因是需要付出的精力和时间非常多。2014年，互助组组织了一次互访，基本摸清了各个参与成员农场的情况，也有一些主动申请加入参与式认证的农场，商量起草一个河南省生态农业的基本标准，他们还约定不定期地进行走访，并将一些必要的走访记录公布给消费者。但遗憾的是，一方面，发起互助组的核心成员忙于自家的农场经营，抽不出更多的时间用于这项非常耗时和耗精力的工作；另一方面，各种基金会都停止了对河南返乡青年互助组的资助，让这些活动变得更加艰难，导致该项工作刚开始就无法有效开展下去。正如其核心人员所说：“这项工作开展起来困难重重，无论是生产者还是消费者，都是说的多，愿意付出时间和精力参与的少，这些年来，实际上也就是我们几个一直在张罗。最初还有资金赞助，慢慢地，资金赞助也停止了，雪上加霜。我们几个，主要的精力还是经营好、维持住我们自己的农场。所以，这些年我的体会是，参与式保障体系是一项群体内的公益事业，必须有很多的热心参与者参与，在初始阶段，还得有足够的资金支持，这要求该区域有比较大的绿色产品的生产和消费空间，得有一定规模的市场，光靠热情是做不成的。”实际上，河南返乡青年互助组的参与式保障体系是我国大多数实践的一个缩影，很多区域的参与式保障体系是因为类似的原因而夭折。

参与式保障体系也有成功的实践案例，从总体来说比较少，江苏青澄中心水稻的 PGS 就是成功的一例。2013 年，昆山和中国人民大学共同组建成立了昆山产学研基地，目的是保护阳澄湖水源地的环境，实现当地农业可持续发展和传承当地优秀的传统文化等。2014 年，产学研基地上的悦丰岛有机农场主打“青澄米”的品牌，受到了绿色消费者的欢迎和好评。为了进一步扩大产量，带动周边小农户进行生态农业实践，做好产品品质的控制，需要利益相关者如小农户和消费者的积极参与。2015 年，悦丰岛有机农场和当地村民签署了 100 亩水稻生产协议，村民同意使用生态方式生产水稻，实现了本地人自主自发对所耕种土地进行生态修复的历程。常规的商业有机认证成本太高，村民们一致同意使用参与式保障体系来控制产品的质量。双方想充分利用当地村民的农业生产技术、中国人民大学乡村建设中心的农村社区工作经历和悦丰岛的销售网络体系的各自优势，形成由本地利益相关者管理的绿色产品品质保障机制。

在此之前，包括这 100 亩水稻在内的周边共 400 亩水稻田都普遍使用化肥和农药，农户坦言不使用农药和化肥就不知道该怎么种地了。使用的化肥主要包括尿素和复合肥，田间分布着大量的生活垃圾、农药垃圾和建筑垃圾，生态修复的压力比较大。建立之初，该参与式保障体系就明确了目标：建立本地水稻品质有效监控的机制，这些信息对外透明公开；制定一套简单适用的绿色生产规范与标准，让参与生态种植的农户都理解、接受和使用；对参与生态种植的农户进行必要的生产技术的培训和交流，增强其集体和合作意识；鼓励消费者参与到生产过程中，通过参观、体验等方式，了解水稻的生产过程和农户的生产、生活状态。该地的参与式保障体系的运行方式是生产者、消费者和第三方群体互动共建。

首先是生产者联盟，这个联盟是悦丰岛农场组织，由进行生态农业种植的 25 户农户组成，有 4 位农户主动进行日常的联盟活动、管理、记录等工作，通过互检和农业生产经验分享联系在一起。这 25 户农户都是土生土长的本地人，多年来一直从事水稻种植，但对生态种植技术和方法不了解。悦丰岛农场则有多年的生态农业种植经历，对生态农业生产技术和方法掌握得较好。农场经常举办交流活动，在会议上，各个生产者将种植情况、对生态农业的体会、对参与式保障体系的意见等进行交流。例如，在一次交流中，负责日常管理的农户赵某讲道：“经过学习和交流才知道，中国的有机农业在几千年里一直居于世界领先地位，只是近百年来落后了。我们现在把大量的化肥和农药用到农业生产中，成为习惯后，土地的肥力在明显退化。我们从事生态农业种植，不仅能够提高收入，还能为子孙后代保护好土地，是虽小但功德无量的事，所以我认真记录每户的生产过程。还经常提醒农户不能使用农药和化肥，使用了就是坏良心，会被生产者联盟剔除出去，生产中遇到虫害都不用怕，及时告诉农场，会有技术人员帮助我们处理的。”这种生产者的互动交流，把生态农业的理念内嵌到了生产者日常生产中去，使之变成自觉自愿的行为，减少或避免了农户的机会主义行为，降低了监督成本。实际上，小农户本来就是和土地密不可分的，只要讲清道理，在经济利益上合算，小农户会更懂得和理解如何在这块土地上取得回报。农场对这 4 位从事管理和记录的农户有一定但不高的经济报酬，从制度上保障这件事不出现“公地悲剧”问题。

其次是消费者联盟，这个联盟有两类：第一类是本地市场上的绿色消费者，这些消费者认可绿色生态理念并购买绿色产品，有比较高的热情参与到 PGS 的活动和管理中来；第二类消费者是农场在本地招募来的，被称作“青团子”，其主要任务是独立从事生产检查和记录，向生产者反馈消费者的意见和建议。这两类消费者通过不同的活动开工，来实现消费者、生产者、第三方群体的交流。“青团子”一般是都市青年人，他们在被招募来后，农场会对他们进行专业培训，如水稻生态种植技术、参与式保障体系的运作、消费者联盟的职责和工作规范等。培训合格即具有生态农业专业眼光后，“青团子”可以上岗，主要是巡田，共同制定参与式保障体系的标准和规范。他们的巡田是不定期的，不提前告知农户，在巡田前小组会开会，商定检查的具体内容，包括生产过程、生产标准、记录范围等。对于本地的绿色消费者，农场会不定期地组织一些生产体验活动，如插秧、稻田知识分享、手工蓝染等，在多种多样的活动中让消费者了解生态农业生产过程和遇到的困难，使消费者加深和拓展对生态农业和生态保护的理解。通过这些培训、交流、体验活动，农场起到了组织、交流平台的积极作用，促进了三方的分享、学习和共同成长。

最后是第三方群体联盟，它主要是中国人民大学和为参与式保障体系做指导的其他机构和组织。这些群体通过提供生态农业技术指导、管理运营指导，为参与式保障体系运行提供支持。如生产者联盟的 25 户农户，对当地土壤、水稻生长习性等非常了解，但由于长期进行常规种植，他们转为进行生态种植还需要很多的技术指导和服务。又如，上海的农好农夫市集的骨干也不定期地与农场的工作人员交流参与式保障体系的经验与教训，这起到了重要的指导作用。

通过这三方的努力和持续有效的交流共享，一个较为完整的闭环式信任体系建立起来了，实现了生产者向消费者提供高质量的农产品。从运行以来，消费者对农产品质量的满意度都很高且比较稳定。在这个信任体系下，消费者充分相信参与式保障体系的产品是真正的生态农产品，同时，整个生产区域的生态环境和社区环境都有较大改善，消费者、生产者、当地社区真正实现了多方共赢。

通过以上两个案例，可以总结出为什么第二个案例能够成功。首先，生产者和消费者都拥有共同的目标，方向是一致的，合作起来就比较顺畅。农场的目标是保护阳澄湖水源地、建立生态农业可持续发展机制，农户以生产生态农产品并获得合理价格和效益为目标，消费者则希望获得绿色农产品，生活的自然环境能得到改善。其次，该参与式保障体系内生产者生产过程的关键信息都通过生产者联盟和消费者联盟分别独立记录，公开接受消费者的查询，消费者也可以自己不定期地巡田查看，在这种公开透明的环境下，消费者了解了生产者是谁，自己购买的产品是如何生产出来的，实现了对生产者的信任。再次，这个参与式保障体系的农户数量不仅不多，而且空间上相对集中，给组织、交流等提供了便利，降低了协调组织的难度与成本。最后，第二个案例中的制度安排具有合理性，即公共事务是由农场出面组织的，有的是有报酬的，有的是充分挖掘了数量较大的绿色消费者群体的热情，避免了第一个案例中核心农户既要忙于生产又要忙于公共事务的情况。

为了加快我国参与式保障体系的本土化发展，需要从以下几个方面进行努力和完善。

第一，制定和完善政策体系。参与式保障体系是有机农业的一个不可或缺的部分，特别是对于中小农户数量众多的国家，它不应该在模糊地带运行，而应在法律法规的框架范围内发展，这就要求制定和完善相应的政策体系，将之纳入法律法规的框架范围内并规范与扶持。具体来说，在已经出现参与式保障体系的地区加强指导、引导和完善该体系，有选择地在没有出现参与式保障体系的地区建立该制度；加大宣传和推广力度，提高生产者对本土生态农业的认识；对参与式保障体系进行省级和国家级认证，通过认证的，鼓励小农户将产品打上生态标签进入邻近地区市场，并给予一定的补贴资金和技术支持，将其纳入合规的有机认证体系；将参与式保障体系的规范与发展纳入新农村发展战略当中，为其在农村的发展创造积极条件。

第二，促进联合体的建设，逐渐形成参与式保障体系的区域网络结构。从当前看，国内不少地区出现了生产者联盟或消费者联盟，相互之间的信任也初步形成。这些联盟暂时处于零星状态，没有形成相互联结的网络结构。相关部门可以帮助现有的各类联盟形成联合体，促成它们与生态农业企业的对接。同时，指导这两类联盟成立委员会，在内部形成一批生态农业技术、营销管理人员，负责对联盟内部生产者的生产状态进行检查、经验总结等。通过努力，形成一个从最基层到全国性的三层次结构。最基层即农夫市集或社区支持农业的内部市场，在群体内部实现交易、沟通与交流；第二层是单个的生产者和消费者形成区域性的联盟，搭建单个区域的生态农产品信任体系；第三层是区域性或全国性的体系，即区域性或全国性的生态农产品质量信任体系，它由各地的参与式保障子体系联结而成。它将担负起政策、制度的沟通协调、质量控制等任务。在具体操作中，可以自下而上在一个较小的区域范围内形成参与式保障体系的网络结构，待发展成熟后再以节点城市为中心，在更大范围内建立参与式保障体系的区域组织，最终形成区域内紧密相连、区域间紧密联系，生产者与消费者、生产者与生产者、消费者与消费者、生产者和消费者与第三方群体之间，相互联系的全国性的网络。

第三，进一步培育生态农业的消费市场。不仅要加大环境保护和生态农业重要性的宣传力度，还要加大对参与式保障体系的宣传力度，让绿色消费者知道，通过参与式保障体系的引入和建立，可以大幅度降低生态农产品的价格，让更多的中小农户知道，他们通过参与式保障体系也可以加入生态农业的生产队伍，也可以得到生态农业的绿色溢价；对参与式保障体系内部的产品价格、质量等信息公开发布和宣传，使消费者低成本获得相关市场信息。

参考文献

白仁德，吴贞仪．永续性农业运动—社区支持型农业与土地伦理的对话［J］．城市学学刊，2010，1（2）：1－35．

〔英〕伯恩斯坦．农政变迁的阶级动力［M］．北京：社会科学文献出版社，2011．

常原境．海峡两岸农夫市集服务系统比较研究［D］．江南大学，2019．

陈蓓真．社区支持型农业在台湾的发展概况［J］．台中区农业改良场特刊，2014（122）：283－286．

陈从军，孙养学，刘军弟．消费者对转基因食品感知风险影响因素分析［J］．西北农林科技大学学报（社会科学版），2015，15（4）：105－110．

陈凯，李昌骏．消费者绿色购买行为的营销要素分析［J］．资源开发与市场，2015，31（10）：1228－1232．

陈卫平，黄娇，刘濛洋．社区支持型农业的发展现况与前景展望［J］．农业展望，2011，7（1）54－58．

陈卫平．社区支持农业情境下生产者建立消费者食品信任的策略——以四川安龙村高家农户为例［J］．中国农村经济，2013，（2）：48－60．

陈卫平．社区支持农业（CSA）消费者对生产者信任的建立：消费者社交媒体参与的作用［J］．中国农村经济，2015a，（6）：33－46．

陈卫平．通过参与增进信任：社区支持农业消费者参与对消费者信任的影响［J］．探索，2015b，（3）：101－107．

陈叶烽，叶航，汪丁丁．信任水平的测度及其对合作的影响——来自一组实验微观数据的证据［J］．管理世界，2010，（4）：54－64．

陈忠明，吴杨，姜会明．兴起与困境：中国社区支援农业发展实践［J］．

资源开发与市场，2016，32（12）：1489－1494.

陈转青，高维和，谢佩洪．绿色生活方式、绿色产品态度和购买意向关系——基于两类绿色产品市场细分实证研究［J］．经济管理，2014，36（11）：166－177.

程存旺，周华东，石嫣，温铁军．多元主体参与、生态农产品与信任——“小毛驴市民农园”参与式试验研究分析报告［J］．兰州学刊，2011，（12）：54－60.

程存旺．三元共治理论与绿色农业发展——基于中国CSA和欧盟绿色农业发展的实证研究［D］．中国人民大学，2018.

崔彬，伊静静．消费者食品安全信任形成机理实证研究——基于江苏省862份调查数据［J］．经济经纬，2012，（2）：115－119.

丁煜莹，刘梦婷，杨波．跨境电子商务环境下消费者信任建构问题研究［J］．价值工程，2018，（11）：98－101.

董欢，郑晓冬，方向明．社区支持农业的发展：理论基础与国际经验［J］．中国农村经济，2017，（1）：82－92＋96.

豆书龙，王山．现代食品技术异化：概念释义、现实表征及其消解之道［J］．天府新论，2017，（3）：57－65.

窦凯，聂衍刚，王玉洁等．信任还是设防？互动博弈中社会善念对合作行为的促进效应［J］．心理科学，2018，41（2）：390－396.

杜亮．消费者信任机制构建与实证分析［D］．湖北大学，2013.

杜志雄，檀学文．食品短链的理念与实践［J］．农村经济，2009，（6）：3－5.

恩格斯．卡尔·马克思的葬礼［M］//马克思恩格斯全集（第十九卷）．北京：人民出版社，1963.

樊浩．缺乏信用，信任是否可能［J］．中国社会科学，2018，（3）：51－59.

范凌霞．消费者对食品安全社会信任的影响及其演化研究［D］．南京工业大学，2015.

〔美〕弗朗西斯·福山．信任：社会美德与创造经济繁荣［M］．海口：海南出版社，2001.

伏红勇．社区支持农业“产—销”互动中的信任问题——基于信任博弈的分析［J］．西南政法大学学报，2017，19（5）：95－103.

付会洋，叶敬忠．兴起与围困：社区支持农业的本土化发展［J］．中国农村经济，2015，（6）：23－32.

高键，盛光华．消费者趋近动机对绿色产品购买意向的影响机制——基于 PLS－SEM 模型的研究［J］．统计与信息论坛，2017，32（2）：109－116.

高键，盛光华，周蕾．绿色产品购买意向的影响机制：基于消费者创新性视角［J］．广东财经大学学报，2016，（2）：33－42.

高原．食品安全信任机制研究［D］．南京农业大学，2014.

高原，王怀明．消费者食品安全信任机制研究：一个理论分析框架［J］．宏观经济研究，2014，（11）：107－113.

龚继红，孙剑．绿色购买行为中的绿色信息影响效应的实证研究——基于武汉、济南和成都三市 538 份问卷调查［J］．华中农业大学学报（社会科学版），2012，（4）：11－16.

关冠军，祝合良．我国商贸流通业品牌建设现状与特征［J］．中国流通经济，2015，29（5）：11－19.

韩亚品，胡珑瑛．基于混沌理论的创新网络中组织间信任演化研究［J］．运筹与管理，2014，23（4）：219－227.

郝凌云．社区支持农业（CSA）下农场会员心理契约对顾客契合行为的影响［D］．东北财经大学，2017.

何洪涛．论英国农业革命对工业革命的孕育和贡献［J］．四川大学学报（哲学社会科学版），2006，（3）：136－144.

胡以涛，余德贵．社区互助农业的理论与实践［J］．地域研究与开发，2015，34（5）：162－166.

黄姣，李双成. 中国快速城镇化背景下都市区农业多功能性演变特征综述 [J]. 资源科学, 2018, 40 (4): 664 – 675.

黄明书. 有机农夫市集：商业时代的熟人贸易 [J]. 绿叶, 2012, (4): 61 – 67.

井绍平. 绿色营销及其对消费者心理与行为影响的分析 [J]. 管理世界, 2004, (5): 145 – 146.

鞠海鹰. CSA 模式中消费者参与意愿的影响因素研究 [D]. 四川农业大学, 2009.

赖凤霙，谭鸿仁. 台中合朴农学市集的形成过程：行动者网络理论的观点 [J]. 地理研究, 2011, (54): 19 – 42.

黎建新，刘洪深，宋明菁. 绿色产品与广告诉求匹配效应理论分析与实证检验 [J]. 财经理论与实践, 2014, (1): 127 – 131.

黎建新，詹志方. 消费者绿色购买研究述评与展望 [J]. 消费经济, 2007, (3): 93 – 97.

李常洪，高培霞，韩瑞婧等. 消极情绪影响人际信任的线索效应：基于信任博弈范式的检验 [J]. 管理科学学报, 2014, 17 (10): 50 – 59.

李建标，李朝阳. 信任是一种冒险行为吗？——实验经济学的检验 [J]. 预测, 2013, 32 (5): 39 – 43 + 49.

李建勋. 中国绿色消费的制度困境与路径选择 [J]. 生态经济（学术版）, 2012, (2): 131 – 133, 141.

李想，石磊. 行业信任危机的一个经济学解释：以食品安全为例 [J]. 经济研究, 2014, 49 (1): 169 – 181.

李彦岩，周立. 既要靠天吃饭，更要靠脸吃饭：关系圈如何促成 CSA 社区的形成——基于社会网络分析方法的案例研究 [J]. 中国农业大学学报（社会科学版）, 2018, 35 (4): 89 – 102.

李颖，王亚民. 基于信任机制的复杂网络知识共享模型研究 [J]. 情报理论与实践, 2014, 37 (8): 79 – 83.

李云新，吴智灵．农业转移人口市民化的社区支持机制研究［J］．农村经济，2016，(3)：111－116.

梁平汉，孟涓涓．人际关系、间接互惠与信任：一个实验研究［J］．世界经济，2013，36（12)：90－110.

梁为．农夫市集：毒食品泛滥下的民间餐桌自救［J］．决策探索（上半月)，2012，(6)：65－66.

林超．乡村振兴的理论误区与多元路径［J］．现代管理科学，2019，(8)：56－58.

林文声，钟倩琳，王志刚．社区支持农业的消费者忠诚研究——以珠海市绿手指份额农园为例［J］．消费经济，2016，32（1)：57－62.

刘长玉，于涛．绿色产品质量监管的三方博弈关系研究［J］．中国人口·资源与环境，2015，25（10)：170－176.

刘飞．制度嵌入性与地方食品系统——基于z市三个典型社区支持农业(CSA）的案例研究［J］．中国农业大学学报（社会科学版)，2012，29（1)：141－149.

刘国芳，辛自强，林崇德．人际信任中的坏苹果效应及其传递［J］．心理与行为研究，2017，15（5)：691－696.

刘力锐．无形的信任链：论政府信任失灵的传导效应［J］．政治学研究，2018，(1)：82－94＋128.

刘永茂，李树茁．农户生计多样性弹性测度研究——以陕西省安康市为例［J］．资源科学，2017，39（4)：766－781.

卢奇，洪涛，张建设．我国特色农产品现代流通渠道特征及优化［J］．中国流通经济，2017，31（9)：8－15.

陆继霞．替代性食物体系的特征和发展困境——以社区支持农业和巢状市场为例［J］．贵州社会科学，2016，(4)：158－162.

马克思．马克思恩格斯全集（第二十三卷)［M］．北京：人民出版社，1972.

马涛，王菲．中国城郊农业发展模式评析［J］．城市问题，2015，(9)：

44 - 48，67.
孟芮溪. 农夫市集高档农产品与消费者的直接对接 [J]. 中国合作经济，2011，(10)：32 - 33.
孟韬. 品牌社区中管理员支持感、社区支持感与顾客创新行为 [J]. 经济管理，2017，39 (12)：122 - 135.
沐光雨，徐青，司秀丽. 社交网络环境下社会广告信息传播对信任的影响因素分析 [J]. 情报科学，2018，36 (11)：146 - 149，157.
潘家恩，杜洁. 社会经济作为视野——以当代乡村建设实践为例 [J]. 开放时代，2012，(6)：55 - 68.
彭泗清. 信任的建立机制：关系运作与法制手段 [J]. 社会学研究，1999，(2)：3 - 5.
浦徐进，路璐. 信任品企业生产行为的演化逻辑：一个哈耶克社会秩序二元观的解释框架 [J]. 制度经济学研究，2014，(3)：162 - 182.
屈学书，矫丽会. 我国社区支持农业（CSA）研究进展 [J]. 广东农业科学，2013，(9)：214 - 217.
沈屏. 农夫市集管理国际经验研究 [J]. 世界农业，2015，(10)：165 - 169.
沈旭. CSA——可持续农业的另一种市场体系 [J]. 农业环境与发展，2006，(5)：22 - 24.
施学奎. 替代食物体系浅析 [J]. 现代营销，2018，(11)：240 - 241.
石嫣. 游走世界的“城市农夫”[J]. 青海科技，2012，(3)：38 - 43.
石嫣. 全球范围的社区支持农业（CSA）[J]. 中国农业信息，2013，(13)：35 - 38.
石嫣，程存旺，雷鹏，朱艺，贾阳，温铁军. 生态型都市农业发展与城市中等收入群体兴起相关性分析——基于“小毛驴市民农园”社区支持农业（CSA）运作的参与式研究 [J]. 贵州社会科学，2011，(2)：55 - 60.
史燕伟，徐富明，佘壮等. 信任的神经机制——来自认知神经科学的证据

[J]. 中国临床心理学杂志，2017，25（6）：1074－1078.

帅满. 安全食品的信任建构机制——以h市“菜团”为例［J］. 社会学研究，2013，28（3）：183－206＋245.

司振中，代宁，齐丹舒. 全球替代性食物体系综述［J］. 中国农业大学学报（社科版），2018，35（4）：127－136.

宋亚非，于倩楠. 消费者特征和绿色食品认知程度对购买行为的影响［J］. 财经问题研究，2012，（12）：11－17.

孙剑，李崇光，黄宗煌. 绿色食品信息、价值属性对绿色购买行为影响实证研究［J］. 管理学报，2010，7（1）：57－63.

孙娟，费方域，刘明. 信任的差异与歧视行为——一个经济学实验研究［J］. 世界经济文汇，2014，（2）：110－120.

谭思，陈卫平. 如何建立社区支持农业中的消费者信任——惠州四季分享有机农场的个案研究［J］. 中国农业大学学报（社会科学版），2018，35（4）：103－116.

檀学文，杜志雄. 从可持续食品供应链分析视角看“后现代农业”［J］. 中国农业大学学报（社会科学版），2010，27（1）：156－165.

檀学文，杜志雄. 食品短链、生态农场与农业永续：京郊例证［J］. 改革，2015（5）：102－110.

王芳. 在线信任与网络空间的秩序重构——基于复杂性理论视角的社会学考察［J］. 江海学刊，2017，（6）：117－122.

王飞雪，山岸俊男. 信任的中、日、美比较研究［J］. 社会学研究，1999，（2）：3－5.

王国猛，黎建新，廖水香. 个人价值观、环境态度与消费者绿色购买行为关系的实证研究［J］. 软科学，2010，24（4）：135－140.

王红丽，吕迪伟，吴坤津. 不对称信任是进化还是回归？——西方管理学界信任研究新进展［J］. 经济管理，2015，37（12）：185－193.

王建明. 消费者为什么选择循环行为——城市消费者循环行为影响因素

的实证研究［J］. 中国工业经济，2007，(10)：95－102.

王静，霍学喜，贾丹花. 绿色农产品生产中的机会主义与农户网络组织信任［J］. 农业技术经济，2011，(2)：66－75.

王玲瑜，胡浩. 农产品产消对接的消费者意愿分析——基于南京、常州两市的调查［J］. 扬州大学学报（人文社会科学版），2012，16(2)：40－43＋49.

王永钦，刘思远，杜巨澜. 信任品市场的竞争效应与传染效应：理论和基于中国食品行业的事件研究［J］. 经济研究，2014，49（2)：141－154.

王振. 基于产消互动的消费者食物安全信任构建路径研究［D］. 中国农业大学，2018.

魏泳安. 风险与信任：现代社会的内在张力——一种基于传统与现代的比较视野［J］. 甘肃社会科学，2018，(1)：158－164.

温铁军，孙永生. 世纪之交的两大变化与三农新解［J］. 经济问题探索，2012，(9)：10－14.

〔德〕乌尔里希·贝克. 风险社会［M］. 南京：江苏人民出版社，2001.

吴波，李东进，谢宗晓. 消费者绿色产品偏好的影响因素研究［J］. 软科学，2014，28（12)：89－94.

吴天龙，刘同山. "社区支持农业"模式及其在我国的发展［J］. 商业研究，2014，(8)：90－94＋191.

向国成，邓明君. 信任行为：从理性计算到认知博弈的范式转变［J］. 南方经济，2018，(5)：69－84.

肖芬蓉. 生态文明背景下的社区支持农业（CSA）探析［J］. 绿色科技，2011，(9)：7－8＋13.

肖余春，李伟阳. 临时性组织中的快速信任：概念、形成前因及影响结果［J］. 心理科学进展，2014，22（8)：1282－1293.

熊小明，黄静，郭昱琅. "利他"还是"利己"？绿色产品的诉求方式对消费者购买意愿的影响研究［J］. 生态经济，2015，31（6)：103－107.

徐立成，周立.“农消对接”模式的兴起与食品安全信任共同体的重建［J］.南京农业大学学报（社会科学版），2016，16（1）：59－70＋164.

徐立成，周立，潘素梅.“一家两制”：食品安全威胁下的社会自我保护［J］.中国农村经济，2013，（5）：32－44.

徐立成，周立.食品安全威胁下“有组织的不负责任”——消费者行为分析与“一家两制”调查［J］.中国农业大学学报（社会科学版），2014，31（2）：124－135.

薛贺香.替代食物体系下绿色产品的生产与消费演化机制研究［J］.生态经济，2017，（11）：112－116.

闫禹，于洄.消费者组织在防范绿色产品市场逆向选择风险中的作用——基于双价博弈模型的分析［J］.消费经济，2013，29（3）：43－45.

〔荷〕扬·杜威·范德普勒格.小农与农业的艺术——恰亚诺夫主义宣言［M］.北京：社会科学文献出版社，2020.

杨波，崔琦.如何在替代性食物体系中构建消费者信任：一个文献综述［J］.全国流通经济，2017，（13）：5－7.

杨波.我国城市居民加入“社区支持农业”的动机与影响因素的实证研究——基于中西方国家对比的视角［J］.中国农村观察，2014，（2）：73－83＋95.

杨波.消费者对生态标签低信任度下绿色食品市场的运行和消费者行为选择［J］.经济经纬，2015，（3）：73－78.

杨国荣.信任及其伦理意义［J］.中国社会科学，2018，（3）：45－51.

杨曦，徐志耀.交易成本视角下社区支持农业发展困境及突破［J］.农业现代化研究，2016，37（4）：621－626.

杨嬛，王习孟.中国替代性食物体系发展与多元主体参与：一个文献综述［J］.中国农业大学学报（社会科学版），2017，34（2）：24－34.

杨雅棠，张媛婷，王则勋.农夫市集消费行为与生活型态、服务质量认知对忠诚度影响之研究——以希望广场为例［J］.致理学报，2014，

(34)：299－341.
杨中芳，彭泗清. 中国人人际信任的概念化：一个人际关系的观点［J］. 社会学研究，1999，(2)：3－5.
姚卫华. CSA 消费者的“为难事”［M］. 第二届全国社区支持农业(CSA)经验交流会资料汇编，中国人民大学，2010.
叶敬忠，丁宝寅，王雯. 独辟蹊径：自发型巢状市场与农村发展［J］. 中国农村经济，2012，(10)：4－12.
叶敬忠. 发展的故事：幻想的形成与破灭［M］. 北京：社会科学文献出版社，2015.
叶敬忠，贺聪志. 基于小农户生产的扶贫实践与理论探索——以“巢状市场小农扶贫试验”为例［J］. 中国社会科学，2019，(2)：137－158＋207.
叶敬忠，王雯. 巢状市场的兴起：对无限市场和现代农业的抵抗［J］. 贵州社会科学，2011，(2)：48－54.
佚名. “替代食物网络”的中国实验［J］. 光彩，2011，(8)：26－33.
〔意〕卡洛·M. 奇波拉. 欧洲经济史［M］. 北京：商务印书馆，1989.
殷戈，朱战国. 农户参与食品短链模式影响因素分析——基于选择实验法的实证［J］. 江苏农业科学，2016，44 (4)：501－504.
于春玲，朱晓东，王霞. 面子意识与绿色产品购买意向——使用情景和价格相对水平的调节作用［J］. 2019，31 (11)：139－146.
郁俭俭. 消费信任的形成机制研究［D］. 南京大学，2011.
袁博，孙向超，游冉等. 情绪对信任的影响：来自元分析的证据［J］. 心理与行为研究，2018，16 (5)：632－643.
岳平. 信任机制：个体性被害风险聚集的现代性解读［J］. 上海大学学报(社会科学版)，2018，35 (2)：23－31.
曾润喜，朱利平，夏梓怡. 社区支持感对城市社区感知融入的影响——基于户籍身份的调节效应检验［J］. 中国行政管理，2016 (12)：43－49.

翟学伟. 信任的本质及其文化 [J]. 社会，2014，34（1）：1 –26.

张蓓，盘思桃. 生鲜电商企业社会责任与消费者信任修复 [J]. 华南农业大学学报（社会科学版），2018，17（6）：77 –91.

张纯刚，齐顾波. 突破差序心态重建食物信任——食品安全背景下的食物策略与食物心态 [J]. 北京社会科学，2015，(1)：36 –43.

张洪潮，何任. 非对称企业合作创新的进化博弈模型分析 [J]. 中国管理科学，2010，18（6）：163 –164.

张克中. 社会资本与公共池塘资源管理 [J]. 江西社会科学，2006，(12)：13 –16.

张丽，王振，齐顾波. 中国食品安全危机背景下的底层食物自保运动 [J]. 经济社会体制比较，2017，(2)：114 –123.

张淑君，洪伟翰，陈颖. 自愿简单生活型态之消费者行为——以兴大农夫市集为例 [J]. 运动与游憩研究，2011，6（2）：55 –68.

张淑萍，陆娟，王馨笛. 信任危机下的消费者信任提升策略研究——以乳品行业为例 [J]. 经济问题探索，2014，(1)：92 –97.

张卫东，林菁璐. 我国社区支持农业的发展策略研究 [J]. 中州学刊，2017，(10)：38 –42.

张璇，伍麟. 风险认知中的信任机制：对称或不对称？[J]. 心理科学，2013，36（6）：1333 –1338.

张学睦，王希宁. 生态标签对绿色产品购买意愿的影响——以消费者感知价值为中介 [J]. 生态经济，2019，35（1）：59 –64.

张雅静，胡春立. 消费模式绿色化的协同推进机制研究 [J]. 科学技术哲学研究，2016，33（3）：100 –104.

张一林，雷丽衡，龚强. 信任危机、监管负荷与食品安全 [J]. 世界经济文汇，2017，(6)：56 –71.

赵玻，葛海燕. 食品供应短链：流通体系治理机制新视角 [J]. 学习与实践，2014，(8)：35 –43.

赵娜，周明洁，陈爽等. 信任的跨文化差异研究：视角与方法 [J]. 心理科学，2014，37 (4)：1002-1007.

赵晓峰. 信任建构、制度变迁与农民合作组织发展——一个农民合作社规范化发展的策略与实践 [J]. 中国农村观察，2018，(1)：14-27.

郑昊力. 信任的测度 [J]. 南方经济，2014，(7)：100-105.

郑晓冬，董欢，方向明. 社区支持农业的消费者参与意愿研究——基于计划行为理论框架 [J]. 经济与管理，2017，31 (4)：33-38.

郑也夫. 信任与社会秩序 [J]. 学术界，2001，(4)：30-40.

郑永年，黄彦杰. 中国的社会信任危机 [J]. 文化纵横，2011，(2)：18-23.

周飞跃，勾竞懿，梅灵. 国内外社区支持农业（CSA）体系的比较分析 [J]. 农业经济问题，2018，(7)：78-87.

周晶淼，肖贵蓉，武春友. 环境资源约束下基于 Solow 模型的绿色消费路径研究 [J]. 科研管理，2016，(37) 9：152-160.

周立. 美国的粮食政治与粮食武器——食物商品化、食物政治化及食物帝国的形成和扩展 [J]. 战略与管理，2010b，(5/6).

周立. 极化的发展 [M]. 海口：海南出版社，2010a.

周立，潘素梅，董小瑜. 从“谁来养活中国”到“怎样养活中国”——粮食属性、AB 模式与发展主义时代的食物主权 [J]. 中国农业大学学报（社会科学版），2012，29 (2)：20-33.

周立. 要认识粮食危机背后的食物帝国 [J]. 新华社内参：世界问题研究，2008，(103).

朱婧. 基于消费者信任的有机食品购买行为影响因素研究 [D]. 哈尔滨商业大学，2019.

朱明. 社区支持农业的研究进展 [J]. 世界地理研究，2018，27 (2)：106-117.

朱佩娴，叶帆. 走出“熟人社会”，我们如何去信任 [N]. 人民日报，2012-4-5，(7).

Aertsens, J., Verbeke, W., Mondelaers, K., Huylenbroeck, G. V. Personal Determinants of Organic Food Consumption: A Review [J]. British Food Journal, 2009, 111 (10): 1140 - 1167.

Ajzen, I. The Theory of Planned Behavior [J]. Organizational Behavior and Human Decision Processes, 1991, 50 (2): 179 - 211.

Alia, K. A., Freedman, D. A., Brandt, H. M., et al. Identifying Emergent Social Networks at a Federally Qualified Health Center-Based Farmers' Market [J]. American Journal of Community Psychology, 2014, 53 (3 - 4): 335 - 345.

Ali, H., Birley, S. The Role of Trust in the Marketing Activities of Entrepreneurs Establishing New Ventures [J]. Journal of Marketing Management, 1998, 14 (7): 749 - 763.

Allum, N. An Empirical Test of Competing Theories of Hazard-Related Trust: The Case of GM Food [J]. Risk Analysis, 2010, 27 (4): 935 - 946.

Archer, G. P., Sǘnchez, J. G., Vignali, G., Chaillot, A. Latent Consumers' Attitude to Farmers' Markets in North West England [J]. British Food Journal, 2003, 105 (8): 487 - 497.

Arrow, K. J. The Theory of Risk - Bearing: Small and Great Risks [J]. Journal of Risk and Uncertainty, 1996, 12 (2 - 3): 103 - 111.

Aydin, S., Oezer, G., Arasil, O. Customer Loyalty and the Effect of Switching Costs as a Moderator Variable: A Case in the Turkish Mobile Phone Market [J]. Marketing Intelligence & Planning, 2005, 23 (1): 89 - 103.

Balderjahn, I., Buerke, A., Kirchgeorg, M., Peyer, M., Seegebarth, B., Wiedmann, K. P. Consciousness for Sustainable Consumption: Scale Development and New Insights in the Economic Dimension of Consumers' Sustainability [J]. AMS Review, 2013, 3 (4): 181 - 192.

Balderjahn, I. Personality Variables and Environmental Attitudes as Predictors of Ecologically Responsible Consumption Patterns [J]. Journal of Business Research, 1988, (17): 51 -56.

Barnett, M. J., Dripps, W. R., Blomquist, K. K. Organivore or Organorexic? Examining the Relationship between Alternative Food Network Engagement, Disordered Eating, and Special Diets [J]. Appetite, 2016, 105: 713 -720.

Battle, E. The Wait Is over as Area Farmers Markets Open [J]. The Free Lance-Star, Fredericksburg, 2009, (22): 52 -55.

Beckie, M. A., Kennedy, E. H., Wittman, H. Scaling up Alternative Food Networks: Farmers' Markets and the Role of Clustering in Western Canada [J]. Agriculture and Human Values, 2012, 29 (3): 333 -345.

Blau, A., Welkowitz, J., Cohen, J. Maternal Attitude to Pregnancy Instrument. A Research Test for Psychogenic Obstetrical Complications: A Preliminary Report [J]. Archives of General Psychiatry, 1964, 10: 324 -331.

Blättel-Mink, B., Boddenberg, M., Gunkel, L., et al. Beyond the Market-New Practices of Supply in Times of Crisis: The Example Community-Supported Agriculture [J]. International Journal of Consumer Studies, 2017, 41 (4): 415 -421.

Blumberg, R. Alternative Food Networks and Farmer Livelihoods: A Spatializing Livelihoods Perspective [J]. Geoforum, 2018, 88: 161 -173.

Bos, E., Owen, L. Virtual Reconnection: The Online Spaces of Alternative Food Networks in England [J]. Journal of Rural Studies, 2016, 45: 1 -14.

Bredahl, L. Determinants of Consumer Attitudes and Purchase Intentions With Regard to Genetically Modified Food-Results of a Cross-National Survey, 2001, 24 (1): 23 -61.

Busch, L., Bain, C. New! Improved? The Transformation of the Global Agrifood System [J]. Rural Sociology, 2004, (3): 321 -346.

Carolan, M. S. Social Change and the Adoption and Adaptation of Knowledge Claims: Whose Truth Do You Trust in Regard to Sustainable Agriculture? [J]. Agriculture and Human Values, 2006, 23 (3): 325 -339.

Carzedda, M., Marangon, F., Nassivera, F., Troiano, S. Consumer Satisfaction in Alternative Food Networks (AFNs): Evidence from Northern Italy [J]. Journal of Rural Studies, 2018, (64): 73 -79.

Caswell, J. A., Mojduszka, E. M. Using Informational Labeling to Influence the Market for Quality in Food Products [J]. American Journal of Agricultural Economics, 1996, 78 (5): 1248 -1253.

Caswell, J. A., Padberg, D. I. Toward a More Comprehensive Theory of Food Labels [J] . 1992, 74 (2): 460 -468.

Chang, C. T. Are Guilt Appeals a Panacea in Green Advertising [J]. International Journal of Advertising, 2012, 31 (4): 741 -771.

Chang, S., Chou, P. Y., Lo, W. C. Evaluation of Satisfaction and Repurchase Intention in Online Food Group-Buying, Using Taiwan as an Example [J]. British Food Journal, 2014, 116 (1): 1410 -1417.

Chen, W. P. Perceived Value of a Community Supported Agriculture (CSA) Working Share. The Construct and Its Dimensions [J]. Appetite, 2013, 62: 37 -49.

Chen, Y. S., Chang, C. H. Greenwash and Green Trust: The Mediation Effects of Green Consumer Confusion and Green Perceived Risk [J]. Journal of Business Ethics, 2013, (114): 489 -500.

Cheryl, B. Associate Professor and Stacy Miller, Executive Secretary of the National Farmers Market Coalition. The Impacts of Local Markets: A Review of Research on Farmers Markets and Community Supported Agriculture (CSA) [J]. American Journal of Agricultural Economics, 2008, 90 (5): 1298 -1302.

Cleveland, D. A., Carruth, A., Mazaroli, D. N. Operationalizing Local Food: Goals, Actions, and Indicators for Alternative Food Systems [J]. Agriculture & Human Values, 2015, 32 (2): 281 -297.

Cleveland, D. A., Müller, N. M., Tranovich, A. C., et al. Local Food Hubs for Alternative Food Systems: A Case Study from Santa Barbara County, California [J]. Journal of Rural Studies, 2014, 35: 26 -36.

Coley, D., Howard, M., Winter, M. Local Food, Food Miles and Carbon Emissions: A Comparison of Farm Shop and Mass Distribution Approaches [J]. Food Policy, 2009, (34): 150 -155.

Conner, M., Armitage, C. J. Extending the Theory of Planned Behavior: A Review and Avenues for Further Research [J]. Journal of Applied Social Psychology, 1998, (28): 1429 -1464.

Crosby, L. A., Evans, K. R., Cowles, D. Customer Attitude Tionship Quality in Services Selling: An Interpersonal Influence [J]. Journal of Marketing. 1990, 54 (6): 68 -81.

Dollahite, J. S., Nelson, J. A., Frongillo, E. A., et al. Building Community Capacity through Enhanced Collaboration in the Farmers Market Nutrition Program [J]. Agriculture and Human Values, 2005, 22 (3): 339 -354.

Elepu, G., Mazzocco, M. A. Consumer Segments in Urban and Suburban Farmers Markets [J]. International Food & Agribusiness Management Review, 2010, 13 (2): 1 -17.

ENRD (European Network for Rural Development). Local Food and Short Supply Chains [J]. EU Rural Review, 2012, (2): 74 -89.

Feagan, R. B., Morris, D. Consumer Quest for Embeddedness: A Case Study of the Brantford Farmers' Market [J]. International Journal of Consumer Studies, 2010, 33 (3): 235 -243.

Feenstra, G. W. Local Food Systems and Sustainable Communities [J]. American Journal of Alternative Agriculture, 1997, 12 (1): 28 -36.

Fendrychová, L., Jehlička, P. Revealing the Hidden Geography of Alternative Food Networks: The Travelling Concept of Farmers' Markets [J]. Geoforum, 2018, 95: 1 -10.

Floud, R., Mccloskey, D. N. The Economic History of Britain Since 1700 [M]. Cambridge University Press, 1994.

Fonte, M., Cucco, I. Cooperatives and Alternative Food Networks in Italy. The Long Road towards a Social Economy in Agriculture [J]. Journal of Rural Studies, 2017, 53: 291 -302.

Freedman, D. A., Bell, B. A., Collins, L. V. The Veggie Project: A Case Study of a Multi-Component Farmers' Market Intervention [J]. The Journal of Primary Prevention, 2011, 32 (3 -4): 213 -224.

Freedman, D. A., Whiteside, Y. O., Brandt, H. M., et al. Assessing Readiness for Establishing a Farmers' Market at a Community Health Center [J]. Journal of Community Health, 2012, 37 (1): 80 -88.

Freedman, M. R., King, J. K. Examining a New "Pay-as-You-Go" Community-Supported Agriculture (CSA) Model: A Case Study [J]. Journal of Hunger & Environmental Nutrition, 2016, 11 (1): 122 -145.

Friedman, D. Evolutionary Games in Economics [J]. Econometrica, 1991, 59 (3): 637 -666

Galt, R. E., Bradley, K., Christensen, L., et al. What Difference Does Income Make for Community Supported Agriculture (CSA) Members in California? Comparing Lower-Income and Higher-Income Households [J]. Agriculture and Human Values, 2017, 34 (2): 435 -452.

Gao, Z. A New Look at Farmers' Markets: Consumer Knowledge and Loyalty [J]. HortScience: A Publication of the American Society for Horticultural Science, 2012, 47 (8): 1102 -1107.

Garner, B. Communication at Farmers' Markets: Commodifying Relationships, Community and Morality [J]. Journal of Creative Communications, 2015, 10 (2): 186 - 198.

Gefen, D., Karahanna, E., Straub, D. W. Trust and TAM in Online Shopping: An Integrated Model [J]. MIS Quarterly, 2003, 27 (1): 51 - 90.

Giannakas, K. Information Asymmetries and Consumption Decisions in Organic Food Product Markets [J]. Canadian Journal of Agricultural Economics// Revue Canadienne D'agroeconomie, 2002, 50 (1): 35 - 50.

Golan, E., Kuchler, F., Mitchell, L. Economics of Food Labeling [J]. Journal of Consumer Policy, 2001, 24 (2): 117 - 184.

Grivins, M., Tisenkopfs, T. Benefitting from the Global, Protecting the Local: The Nested Markets of Wild Product Trade [J]. Journal of Rural Studies, 2018, 61: 335 - 342.

Gunderson, R. Problems with the Defetishization Thesis: Ethical Consumerism, Alternative Food Systems, and Commodity Fetishism [J]. Agriculture and Human Values, 2014, 31 (1): 109 - 117.

Hansen, T. Understanding Consumer Perception of Food Quality: The Cases of Shrimps and Cheese [J]. British Food Journal, 2005, 107 (7): 500 - 525.

Hayden, J., Buck, D. Doing Community Supported Agriculture: Tactile Space, Affect and Effects of Membership [J]. Geoforum, 2012, 43 (2): 332 - 341.

Issanchou, S. Consumer Expectations and Perceptions of Meat and Meat Product Quality [J]. Meat Science, 1996, 43 (S1): 5 - 19.

Just, R. E., Weninger, Q. Economic Evaluation of the Farmers' Market Nutrition Program [J]. American Journal of Agricultural Economics, 1997, 79 (3): 902 - 917

Kannan, R. The Impact of Food Quality on Customer Satisfaction and Behavioural Intentions: A Study on Madurai Restaurant [J]. Open Journal of Business and Management, 2017, 6 (3): 34 - 37.

Kantsperger, R., Kunz, W. H. Consumer Trust in Service Companies: A Multiple Mediating Analysis [J]. Social Science Electronic Publishing, 2010, 20 (1): 4 - 25.

Kareklas, I., Carlson, J. R., Muehling, D. D. "I Eat Organic for My Benefit and Yours": Egoistic and Altruistic Considerations for Purchasing Organic Food and Their Implications for Advertising Strategists [J]. Journal of Advertising, 2014, 43 (1): 18 - 32.

Kato, Y., Mckinney, L. Bringing Food Desert Residents to an Alternative Food Market: A Semi-Experimental Study of Impediments to Food Access [J]. Agriculture and Human Values, 2015, 32 (2): 215 - 227.

Kelvin, R. Community Supported Agriculture on the Urban Fringe: Case Study and Survey [M]. Kutztown, PA: Rodale Institute Research Center, 1994.

Kolodinsky, J. M., Pelch, L. Factors Influencing Consumer Satisfaction with a Community Agriculture Farm (CSA) [J]. Journal of Consumer Satisfaction, Dissatisfaction and Complaining Behavior, 1997, 10 (3): 131 - 138.

Kondoh, K. The Alternative Food Movement in Japan: Challenges, Limits and Resilience of the Teikei System [J]. Agriculture and Human Values, 2015, 32 (1): 143 - 153.

Krul, K., Ho, P. Alternative Approaches to Food: Community Supported Agriculture in Urban China [J]. Sustainability, 2017, 9 (5): 844.

Kulak, M., Nemecek, T., Frossard, E., et al. Life Cycle Assessment of Bread from Several Alternative Food Networks in Europe [J]. Journal of Cleaner Production, 2015, 90: 104 - 113.

Lamine, C., Garçon, L., Brunori, G. Territorial Agrifood Systems: A Franco-Italian Contribution to the Debates over Alternative Food Networks in

Rural Areas [J]. Journal of Rural Studies, 2019, 68: 159 – 170.

Lee, K. Opportunities for Green Marketing: Young Consumers [J]. Marketing Intelligence and Planning, 2008, 26 (6): 573 – 586.

Lewis, J. D., Weigert, A. Trust as aSocial Reality [J]. Social Forces, 1985, 63 (4): 967 – 985.

Lockie, S. Responsibility and Agency within Alternative Food Networks: Assembling the "Citizen Consumer" [J]. Agriculture and Human Values, 2009, 26 (3): 193 – 201.

Marroni, S., Iglesias, C., Mazzeo, N., et al. Alternative Food Sources of Native and Non-Native Bivalves in a Subtropical Eutrophic Lake [J]. Hydrobiologia, 2014, 735 (1): 263 – 276.

Marsden, T., Banks, J., Bristow, G. Food Supply Chain Approaches: Exploring Their Role in Rural Development [J]. Sociologia Ruralis, 2000, (4): 424 – 438.

McAllister, D. J., Affect-and Cognition-based Trust as Foundation for Interpersonal Cooperation inOrganizations [J]. Academy of Management Journal, 1995, 38 (1): 24 – 59.

McMichael, P. A Food Regime Genealogy [J]. Journal of Peasant Studies, 2009, 36 (1): 139 – 169.

Melo, C. J., Hollander, G. M. Unsustainable Development: Alternative Food Networks and the Ecuadorian Federation of Cocoa Producers, 1995 – 2010 [J]. Journal of Rural Studies, 2013, 32: 251 – 263.

Mincyte, D. How Milk Does the World Good: Vernacular Sustainability and Alternative Food Systems in Post-Socialist Europe [J]. Agriculture and Human Values, 2012, 29 (1): 41 – 52.

Miralles, I., Dentoni, D., Pascucci, S. Understanding the Organization of Sharing Economy in Agri-Food Systems: Evidence from Alternative Food

Networks in Valencia [J]. Agriculture and Human Values, 2017, 34 (4): 833 -854.

Mohamed, M. M. Antecedents of Egyptian Consumers' Green Purchase Intentions : A Hierarchical Multivariate Regression Model [J]. Journal of International Consumer Marketing, 2006, (19): 97 -127.

Moore, O. Understanding Postorganic Fresh Fruit and Vegetable Consumers at Participatory Farmers' Markets in Ireland: Reflexivity, Trust and Social Movements [J]. International Journal of Consumer Studies, 2006, 30 (5), 416 -426.

Moorman, C. , Zaltman , G. , Deshpande , R . Relationships between Providers and Users of Market Research: The Dynamics of Trust within and between Organizations [J] . Journal of Marketing Research, 1992, 29 (3): 314 -328.

Morris, C. , Kirwan, J. Ecological Embeddedness: An Interrogation and Refinement of the Concept within the Context of Alternative Food Networks in the UK [J]. Journal of Rural Studies, 2011, 27 (3): 322 -330.

Nuttavuthisit, K. , Thøgersen, J. The Importance of Consumer Trust for the Emergence of a Market for Green Products: The Case of Organic Food [J]. Journal of Business Ethics, 2017, 140 (2): 323 -337.

Oostindie, H. A. , Ploeg, V. D. J. D. , Broekhuizen, van R. E. , Ventura, F. The Central Role of Nested Markets in Rural Development in Europe [J]. Forthcoming, 1978.

Otto, V. D. Factors Affecting Sales at Farmers' Markets: An Iowa Study [J]. Review of Agricultural Economics, 2008, 30 (1): 176 -189.

Paül, V. , Mckenzie, F. H. Peri-Urban Farmland Conservation and Development of Alternative Food Networks: Insights from a Case-Study Area in Metropolitan Barcelona (Catalonia, Spain) [J]. Land Use Policy, 2013, 30

(1): 94 – 105.

Pascucci, S., Cicatiello, C., Franco, S., et al. Back to the Future? Understanding Change in Food Habits of Farmers' Market Customers [J]. International Food & Agribusiness Management Review, 2011, 14 (4): 105 – 126.

Pascucci, S., Dentoni, D., Lombardi, A., et al. Sharing Values or Sharing Costs? Understanding Consumer Participation in Alternative Food Networks [J]. NJAS-Wageningen Journal of Life Sciences, 2016, 78: 47 – 60.

Pelch, L. Factors Influencing the Decision to Join a Community Supported Agriculture (CSA) Farm [J]. Journal of Sustainable Agriculture, 1996, 10 (2): 129 – 141.

Peng, S, Cassman, K. G., Olk, D. C., et al. Opportunities for Increased Nitrogen-Use Efficiency from Improved Resource Management in Irrigated Rice Systems [J]. Field Crops Research, 1998, 56 (1 – 2): 7 – 39.

Pierce, J. C., Lovrich, N. P. Belief Systems Concerning the Environment: The General Public, Attentive Publics and State Legislators [J]. Political Behavior, 1980, (2): 259 – 286.

Pitts, S. B. J., Gustafson, A., Wu, Q., et al. Farmers' Market Use Is Associated with Fruit and Vegetable Consumption in Diverse Southern Rural Communities [J]. Nutrition Journal, 2014, 13 (1): 1.

Pitts, S. J., Maya, M. L., Ward, R. K., et al. Disparities in Healthy Food Zoning, Farmers' Market Availability, and Fruit and Vegetable Consumption among North Carolina Residents [J]. Archives of Public Health, 2015, 73 (1): 1 – 9.

Polanyi, K., Moiseev, N. A., Von Gadow, K., Krott, M. The Great Transformation: The Political and Economic Origins of Our Time [J]. Proceedings of the National Academy of Sciences, 2015, 104 (14): 5953 – 5958.

Polman, N. Nested Markets and Common Pool Resources: A Contribution from

Economic Sociology. Rural Development Processes and Policy in Brazil, China and the European Union; Sharing Good Practices and Research Items [N]. Working Paper, 2010.

Pope, R., Pratt, A., Hoyle, B. Social Welfare in Britain 1885 – 1985 [M]. Croom Helm, 2003.

Putnam, J. J. American Eating Habits Changing: Part 1 Meat, Dairy, and Fats and Oils [J]. Food Review/ National Food Review, 1993, 16 (3): 2 – 11.

Randelli, F., Rocchi, B. Analysing the Role of Consumers within Technological Innovation Systems: The Case of Alternative Food Networks [J]. Environmental Innovation and Societal Transitions, 2017, 25: 94 – 106.

Ribeiro, A. P., Rok, J., Harmsen, R., et al. Food Waste in an Alternative Food Network-A Case-Study [J]. Resources, Conservation and Recycling, 2019, 149: 210 – 219.

Rice, J. S. Privilege and Exclusion at the Farmers Market: Findings from a Survey of Shoppers [J]. Agriculture and Human Values, 2015, 32 (1): 21 – 29.

Rose, G. Sick Individuals and Sick Populations [J]. Bulletin of the World Health Organization, 2001 (14): 32 – 38.

Rossi, J., Woods, T., Allen, J. Impacts of a Community Supported Agriculture (CSA) Voucher Program on Food Lifestyle Behaviors: Evidence from an Employer-Sponsored Pilot Program [J]. Sustainability, 2017, 9 (9): 1543.

Rotor, S. D., Smith, L. Single Stage Experimental Evaluation of High Mach Number Compressor Rotor Blading [J]. Part I-Design of Rotor Blading, 1967.

Rousseau, D. M., Sitkin, S. B., Burt, R. S. Not so Different after All: A Cross-Discipline View of Trust [J]. Academy of Management Review,

1998, (23): 393 -404.

Saleem, A., Ghafar, A., Ibrahim, M., Yousuf, M., Ahmed, N. Product Perceived Quality and Purchase Intention with Consumer Satisfaction [J]. Global Journal of Management and Business Research, 2015, 15 (1): 21 -28.

Sbicca, J. Food Labor, Economic Inequality, and the Imperfect Politics of Process in the Alternative Food Movement [J]. Agriculture and Human Values, 2015, 32 (4): 675 -687.

Schmit, T. M., Gómez, M. I. Developing Viable Farmers Markets in Rural Communities: An Investigation of Vendor Performance Using Objective and Subjective Valuations [J]. Food Policy, 2011, 36 (2): 119 -127.

Shi, Y., et al. Safe Food, Green Food, Good Food: Chinese Community Supported Agriculture and the Rising Middle Class [J]. International Journal of Agricultural Sustainability, 2011, (4): 551 -558.

Simoncini, R. Introducing Territorial and Historical Contexts and Critical Thresholds in the Analysis of Conservation of Agro-Biodiversity by Alternative Food Networks, in Tuscany, Italy [J]. Land Use Policy, 2015, 42: 355 -366.

Si, Z., Schumilas, T., Scott, S. Characterizing Alternative Food Networks in China [J]. Agriculture & Human Values, 2015, (2): 299 -313.

Si, Z., Scott, S. The Convergence of Alternative Food Networks within "Rural Development" Initiatives: The Case of the New Rural Reconstruction Movement in China [J]. Local Environment, 2015: 1 -18.

Smithers, J., Joseph, A. E. The Trouble with Authenticity: Separating Ideology from Practice at the Farmers' Market [J]. Agriculture and Human Values, 2010, 27 (2): 239 -247.

Som Castellano, R. L. Alternative Food Networks and Food Provisioning as a Gendered Act [J]. Agriculture and Human Values, 2015, 32 (3): 461 -474.

Soyez, K. , Francis, J. N. P. , Smirnova, M. M. How Individual, Product and Situational Determinants Affect the Intention to Buy and Organic Food Buying Behavior: A Cross-National Comparison in Five Nations [J]. Der Markt, 2012, 51 (1): 27 -35.

Sproul, T. W. , Kropp, J. D. A. General Equilibrium Theory of Contracts in Community Supported Agriculture [J]. American Journal of Agricultural Economics, 2015, 97 (5): 1345 -1359.

Sylvander, B. , Barjolle, D. The Socio-Economics of Origin Labeled Products in Agri-Food Supply Chains-Spatial, Institutional and Coordination Aspects [N]. Working Paper, 2000.

Tanner, K. Promoting Sustainable Consumption: Determinants of Green Purchase by Swiss Consumers [J]. Psychology and Marketing, 2003, 20 (10): 883 -902.

Tarkiainen, A. , Sundqvist, S. Subjective Norms, Attitudes and Intentions of Finnish Consumers in Buying Organic Food [J]. British Food Journal, 2005, (107): 808 -822.

Thogersen, J. , Barcellos, M. D. , Perin, M . G. , Zhou, Y. Consumer Buying Motives and Attitudes towards Organic Food in Two Emerging Markets [J]. International Marketing Review, 2015, 32 (3 -4): 389 -413.

Thorsøe, M. H. Maintaining Trust and Credibility in a Continuously Evolving Organic Food System [J]. Journal of Agricultural and Environmental Ethics, 2015, 28 (4): 767 -787.

Toler, S. , Briggeman, B. C. , Lusk, J. L. , et al. Fairness, Farmers Markets, and Local Production [J]. American Journal of Agricultural Economics, 2011, 91 (5): 1272 -1278.

Torjusen, H. , Sangstad, L. , Jensen, K. O. D. European Consumers' Conceptions of Organic Food: A Review of Available Research [D]. Oslo National Institute for Consumer Research, 2004.

Vecchio, R. European and United States Farmers' Markets: Similarities, Differences and Potential Developments [C]. 2009.

Wald, N., Hill, D. P. "Rescaling" Alternative Food Systems: From Food Security to Food Sovereignty [J]. Agriculture and Human Values, 2016, 33 (1): 203 -213.

Watts, D., Little, J., Ilbery, B. I Am Pleased to Shop Somewhere That Is Fighting the Supermarkets a Little Bit. A Cultural Political Economy of Alternative Food Networks [J]. Geoforum, 2018, 91: 21 -29.

Weber, M., Pangborn, C. R., Gerth, H. H., et al. The Religion of China: Confucianism and Taoism [J]. Journal of Asian Studies, 1951, 24 (3): 509.

Yeung, R., Yee, W. Multi-dimensional Analysis of Consumer-Perceived Risk in Chicken Meat [J]. Nutrition & Food Science, 2002, 32 (6): 219 - 226.

Zepeda, L. Which Little Piggy Goes to Market? Characteristics of US Farmers' Market Shoppers [J]. International Journal of Consumer Studies, 2009, 33 (3): 250 -257.

Zucker, L. K. Production of Trust: Institutional Source of Economic Structure 1840 - 1920 [J]. Research in Organizational Behavior, 1986, (8): 53 -111.

后　记

历经五年的研究，我2016年申请的国家社科基金重点项目“替代性食物体系中的消费者信任机制研究”终于结题了，最终成果就是摆在大家面前的这本书。本书是我与郑州铁路职业技术学院周嵘老师、我校薛贺香老师合作完成的。我负责整体研究设计、第一章的撰写和全书的统稿，周老师承担了第二至第四、第六章的写作任务，薛老师承担了第五章的写作任务，周老师还承担了所有章节的校对工作。

我从2011年开始研究绿色产品市场交易，最初主要关注“漂绿”问题，特别是消费品市场中的“漂绿”问题。后来，成为一名本地的绿色消费者，积极参与了当地农夫市集的组建工作，也借此与很多的农户成为好朋友，对生态农业、替代性食物体系有了更多的感性认识，也越发体会到消费者信任对本地替代性食物体系构建与发展的重要性。从2015年起，我开始关注绿色产品特别是替代性食物体系中的信任问题，一边读文献，一边实践，一边思考和研究。

在这几年中，我的生活和工作都发生了很大的变动。2017年，二宝诞生，大宝在读小学，老人不在身边，家里就更加忙碌起来。2018年，我从学院调到教务处，去做本科审核评估工作和落实学校教育教学综合改革，工作强度和压力剧增。完成审核评估和教育教学综合改革任务后，又调到研究生处和学科办，负责学科评估和新学位点申报工作，加班加点成为常态，很少有休息和整段的思考写作时间。这促使我养成了利用零碎时间思考问题的习惯，以及每天中午休息控制在20分钟以内、下午提前一个小时上班的习惯，这样，可以保证每天有一个小时的写作时间。我的研究就是在这些零碎时间和中午完成的。

感谢学校领导和同事，他们对我的鼓励、支持和鞭策，让我没有因繁忙的行政工作而放弃学术研究；感谢我的父母和岳父岳母，他们年事已高，还一直在后面关心和支持我；感谢我的妻子陈梅，她承担了大量的家务和孩子教育工作，替我分担了很多责任和压力；感谢我的大宝，他比较自觉和自律，很少让我操心；感谢我的合作者周老师和薛老师，没有她们的辛勤付出，这本书就不会呈现在大家面前；感谢社会科学文献出版社经管分社陈凤玲总编辑，这本书出版的全过程都凝结着她的心血，她非常专业、非常有责任心，能和她合作是我的幸运。

杨 波

2021 年 12 月 16 日于郑州

图书在版编目(CIP)数据

替代性食物体系：基于信任的“小而美” / 杨波等著. -- 北京：社会科学文献出版社，2021.12
ISBN 978-7-5201-9509-6

Ⅰ.①替… Ⅱ.①杨… Ⅲ.①食品工业 Ⅳ.①TS2

中国版本图书馆 CIP 数据核字(2021)第 267548 号

替代性食物体系：基于信任的“小而美”

著　　者 / 杨　波 等

出 版 人 / 王利民
组稿编辑 / 陈凤玲
责任编辑 / 田　康
文稿编辑 / 王红平
责任印制 / 王京美

出　　版 / 社会科学文献出版社 · 经济与管理分社 （010）59367226
地址：北京市北三环中路甲 29 号院华龙大厦　邮编：100029
网址：www.ssap.com.cn
发　　行 / 市场营销中心（010）59367081　59367083
印　　装 / 三河市龙林印务有限公司

规　　格 / 开 本：787mm × 1092mm　1/16
印 张：15.25　字 数：210 千字
版　　次 / 2021 年 12 月第 1 版　2021 年 12 月第 1 次印刷
书　　号 / ISBN 978-7-5201-9509-6
定　　价 / 88.00 元